ÉTUDE PRATIQUE

SUR

LA LAITERIE

EN NORMANDIE

PAR H. LE SUEUR

PRIX : 1 FR. 50

CARENTAN
IMPRIMERIE NOUVELLE — A. COLLEVILLE
PLACE DU VALNOBLE

1886

ÉTUDE PRATIQUE

SUR

LA LAITERIE

EN NORMANDIE

PAR H. LE SUEUR

CARENTAN
IMPRIMERIE NOUVELLE — A. COLLEVILLE
PLACE DU VALNOBLE

1886

Étude pratique sur la Laiterie
EN NORMANDIE (1)

PRODUCTION DU LAIT

CHAPITRE I
CHOIX D'UNE RACE LAITIÈRE

Production du lait et de sa transformation. — La production du lait, sa transformation en beurre et en fromage, fournissent actuellement une des principales sources de richesse pour l'agriculture française. Au commencement du siècle, la vente de ces produits atteignait à peine plusieurs millions ; maintenant, elle se chiffre par centaines de millions.

La Normandie a toujours occupé le premier rang dans l'industrie laitière, soit avec les beurres d'Isigny, soit avec les fromages de la Vallée d'Auge, tels que les

---

(1) La première partie de cette étude a obtenu une médaille d'or à la Société des Agriculteurs de France et l'étude complète a obtenu une médaille d'argent au concours international agricole d'Amsterdam (1884).

Camembert, les Pont-l'Evêque, les Livarot, ou avec les beurres et les fromages du Pays de Bray.

Conversion des terres arables en prairies. — Les conditions économiques de l'agriculture ont modifié, dans une large mesure, les conditions de production. Dans plusieurs cantons Normands, maintenant, presque toutes les terres arables ont été converties en prairies. Depuis une quinzaine d'années, certaines fermes ne récoltent même plus les pailles nécessaires à l'entretien de leurs bestiaux en hiver. L'augmentation des prix a, jusqu'à ce moment, suivi la production et des contrées qui, autrefois, ne faisaient aucun commerce de laiterie, se sont mises à fabriquer aussi du beurre et du fromage, sans chercher si leur race bovine ou leur sol était apte à cette industrie.

Valeur des races. — Le premier point à étudier, le plus important, est donc de bien déterminer la valeur des races laitières dont on peut disposer et de les approprier utilement, d'après le sol, au produit que l'on en veut retirer, tout en tenant compte du climat et des conditions d'hygiène.

La France compte un certain nombre de races bovines laitières jouissant de qualités différentes et s'adaptant aux diverses provinces où elles sont entretenues.

Parmi les principales il convient de citer les races :

Hollandaise, Flamande et Normande. Dans certains pays on rencontre également des types de la race Suisse, surtout chez les laitiers chargés de l'approvisionnement des villes, par la vente du lait frais.

Toutes les races énumérées plus haut se distinguent, les unes des autres, par des aptitudes spéciales qui les font adopter ou rejeter dans le pays où elles doivent être utilisées.

La race Hollandaise est celle que l'on peut considérer comme produisant la plus grande quantité moyenne de lait, mais la qualité assez médiocre ne permet pas, surtout en Normandie, un bénéfice aussi considérable par la fabrication du fromage gras et particulièrement du beurre, que par la vente directe du lait. D'ailleurs, cette race comme la Flamande ne peut facilement changer de climat, sans perdre une partie de ses qualités et sans subir une sérieuse altération de formes.

L'étude que je me propose d'entreprendre étant spécialement dirigée vers la Normandie, je dois laisser de côté les autres races, pour m'occuper exclusivement de la race bovine Normande.

Race bovine Normande. — Chacun connaît les formes déjà tant de fois décrites de ce type ; il serait superflu de revenir sur cette description, si je n'essayais de la compléter en divisant la race en groupe bien distincts : Cotentin, Augeron et Cauchois. Tous les trois ont une grande ressemblance. La couleur est la même : toujours cette couleur bigarrée et pie noir ou roux. La différence essentielle se trouve dans la conformation, dans la finesse des membres, de la tête, des cornes, beaucoup plus accentuée dans la race du Cotentin que dans les deux autres : Augeronne et Cauchoise.

Type bovin du Cotentin. — Le Cotentin, premier berceau, dit-on, de la race Normande, a conservé un type de vache en rapport avec son terrain. Le sol très riche a cependant, à côté de veines d'une fertilité et d'une vigueur exceptionnelles, des terrains plus doux, où l'élevage se fait dans des conditions plus favorables. Les animaux, en quelque sorte moins poussés par la nourriture, conservent plus d'élégance et plus d'harmonie dans les formes.

Type bovin de la Vallée d'Auge. — Dans la Vallée d'Auge au contraire, et, déjà, dans la pleine de Caen, les animaux d'élevage n'ont plus la même conformation, ils deviennent plus massifs, plus osseux, les cornes sont plus grosses et moins lisses, l'animal en un mot présente un aspect plus *rude* et moins fin. Cette transformation tient évidemment à la nature du sol, car bon nombre de vaches, dans les familles pâturant dans les prairies du Pays d'Auge, ont pour souche des animaux venus du Cotentin.

Type bovin du Pays de Caux. — Dans le Pays de Caux, le genre des animaux conserve mieux le type primitif dans son ensemble, mais les jambes sont plus hautes et les hanches moins larges.

Influence du terrain. — Puisque le terrain agit avec une telle énergie sur les animaux, il est bien évident que les produits subiront une influence analogue ; que dans ces trois régions de la Normandie on ne trouvera pas le même emploi de lait, et dans le cas où l'emploi serait le même, la qualité du produit changerait.

Cette différence est utile à analyser et à étudier, mais il faut voir d'abord si la race, actuellement employée à la production du lait, est bien celle qui convient le mieux en Normandie et s'il est nécessaire de la changer ou de l'améliorer.

Il est prouvé que la vache Normande est celle qui, tout en donnant une moyenne de lait des plus élevées, est reconnue la meilleure pour la production du beurre, si on en excepte toutefois la race de Jersey, qui produit un kilogramme de beurre avec environ dix-sept litres. Pour la Normande il faut environ vingt-sept litres, tandis que la Flamande et la Hollandaise ne peuvent fournir le même poids avec trente litres, ce qui fait un excédant annuel de trente-trois à trente-cinq kilogammes de beurre au moins, en faveur des races précédentes. Il n'y a donc pas à chercher d'améliorations en usant de croisements;

peut-être le rendement en lait serait-il plus grand, mais l'augmentation de matière butyreuse ne suivrait évidemment pas la même proportion.

Perfectionnement de la race Bovine Normande. — Il y a une trentaine d'années et plus, des croisements ont été tentés, mais les résultats n'ont pas été bons ; le type se trouvait modifié à son désavantage. La race Normande, naturellement osseuse, demande à être cultivée, soignée attentivement pour se perfectionner, mais l'amélioration doit surtout provenir de l'intelligence apportée au choix des reproducteurs et aux bonnes conditions de l'élevage.

Tous les croisements tentés jusqu'à ce jour n'ont donné que des résultats mauvais, souvent misérables, si on considère le croisement avec le Durham tel qu'il a été essayé il y a quarante ans environ.

Aussi, un courant bien accentué s'est-il manifesté depuis quelque temps et voit-on les cultivateurs de la Normandie, surtout de la Basse-Normandie, rejeter impitoyablement de leurs troupeaux, tous les animaux entachés d'un croisement quelconque.

La production du beurre, la nature du sol et le climat, excluent de la Normandie les races bovines autres que la race Normande. La production du fromage elle-même ne demande pas l'introduction d'une autre race. Le lait des vaches normandes est non-seulement riche en matières butyreuses, mais il renferme aussi en grande quantité la caséine, ce qui permet de fabriquer en même temps du beurre et du fromage, ainsi que cela se pratique dans la vallée d'Auge, où le même fermier expédie tantôt du beurre, tantôt du fromage et quelquefois ces deux produits ensemble.

D'un autre coté, la race Normande pure fournit une viande de boucherie très estimée, et si on pratiquait le croisement avec la Flamande ou la Hollandaise les formes deviendraient plus anguleuses, la viande diminuerait de quantité, la qualité de l'animal serait moindre et l'éleveur éprouverait une perte sensible, lorsqu'il viendrait à se débarrasser de ces animaux devenus impropres à la production du lait.

Caractères qui déterminent les qualités laitières. — Après avoir fait le choix d'une race, il faut maintenant déterminer les caractères qui indiquent les qualités laitières. Tous les animaux d'une même race ne sont pas également aptes à rendre les services que l'on en veut obtenir.

Plusieurs systèmes ont été préconisés pour reconnaître les aptitudes laitières chez un animal. Le plus répandu et le plus sûr est connu sous le nom de système de Guénon. Les déductions sont quelquefois un peu longues et compliquées, aussi beaucoup de cultivateurs le connaissent-ils seulement de nom, sans savoir l'appliquer. Pour remédier à leur peu d'habileté, ils se contentent des signes les plus apparents qu'ils peuvent résumer ainsi sans se tromper :

Peau souple bien détachée et moëlleuse, charpente osseuse légère, tête fine et sans fanon, œil doux; les jambes doivent être courtes et légères, les quartiers de derrière plus lourds relativement que le devant et la croupe large; le pis d'un tissu doux et fin recouvert d'un léger poil jaunâtre doit être carré, descendre droit en arrière des cuisses et avancer loin sous la partie abdominale. Les trayons doivent, au nombre de quatre, donner du lait, être de grosseur moyenne et bien espacés en tombant verticalement. Après la traite le pis, complètement dégonflé, doit être mou et flasque.

CHAPITRE II

INFLUENCE DE LA NOURRITURE. HYGIÈNE

Variation de la production laitière. — La production laitière varie non-seulement avec les races d'animaux mais aussi elle suit, dans une large mesure, les changements de nourriture, tant pour la quantité que pour la qualité. Certains aliments développent, au détriment des principes butyreux contenus dans le lait, une sécrétion plus abondante des glandes mammaires.

Il est donc nécessaire de bien étudier l'influence des divers éléments dont l'éleveur dispose pour l'entretien de son troupeau, et de les faire servir, après une recherche approfondie, à obtenir les produits principaux que l'on veut retirer de la vacherie. Il est certain que le fermier qui vend son lait en nature doit, après s'être procuré les vaches capables d'en donner la plus grande quantité d'après leur race, chercher à augmenter encore cette production par une nourriture spéciale et même en quelque sorte épuisante. Nous voyons employer dans ce cas les fourrages verts, les pailles d'avoine, les betteraves, sous toutes leurs formes, soit en nature, soit après avoir fourni leur contingent à l'industrie, le son, les issues de mouture. Lorsque le fermier veut au contraire produire du beurre, il modifie la nature des aliments; aux fourrages verts il ajoute des tourteaux et de la farine d'orge.

La meilleure nourriture est certainement celle que les animaux trouvent lorsqu'ils paîssent en liberté dans les prairies naturelles, depuis le printemps jusqu'aux premiers jours de l'hiver. Telle est du moins la méthode suivie en Normandie.

Des pâturages. — Les vaches sont mises en liberté dans les herbages, dès que le mauvais temps vient à cesser et que l'herbe commence à pousser avec une certaine abondance. La nourriture que les animaux peuvent ainsi recueillir restant pendant un certain temps insuffisante on leur donne le matin et souvent le soir, une ration de foin quelquefois même, mais rarement, de la farine d'orge. Aussitôt que l'herbe vient à croître en quantité suffisante, elle devient la nourriture exclusive du troupeau qui sera changé de prairie le plus souvent possible, afin d'avoir toujours de l'herbe fraîche et peu longue; l'expérience a démontré qu'en agissant ainsi, le rendement en lait était plus considérable et la qualité du produit meilleure.

Il ne faut pas croire que toutes les prairies, malgré leur belle apparence, aient une qualité égale pour la production du beurre. Les unes donnent un beurre souvent mou, toujours creux et qui rancit très vite, malgré les soins apportés à sa fabrication. Les autres, au contraire, produisent un beurre très dur qui se conserve longtemps frais.

Différence dans la production d'après le sol. — Quelle peut être la cause de cette différence parfois très sensible dans la même ferme? Elle ne paraît pas provenir de la nourriture puisque, si en prenant deux troupeaux au même moment, dans les mêmes conditions de santé et de vêlage, soit en mai ou en juin par exemple, les animaux qui les composent sont exclusivement nourris d'herbe et en liberté; ils ont même tous les deux de très bonne eau. Il n'y a donc aucune différence apparente et la boisson ne peut entrer en ligne de compte comme cela se produit quelquefois. Il faudrait une étude approfondie, très minutieuse même, pour en découvrir la cause. Cette étude n'a pas encore été faite, mais elle ne semble pas impossible. Ce serait un bien, car on pourrait certainement corriger de grands inconvénients dans l'alimentation naturelle des bestiaux et par suite, dans la bonne réussite des produits beurriers de la laiterie.

A défaut d'études scientifiques, les fermiers qui ont

fait cette remarque, et ils sont nombreux, pensent que la nature du sol agit fortement sur la qualité du beurre en modifiant la constitution chimique des plantes consommées par les vaches.

Ils ajoutent, dans leur langage, que les terrains gras font du beurre creux qui ne se conserve pas : Ils entendent par terrains gras, les terres d'alluvions ou qui manquent de calcaire.

A l'appui de leur dire, j'ai remarqué dans certains cas, des beurres très-mauvais, produits dans des prairies nouvellement engraissées avec une trop grande quantité de fumier et une quantité insufisante de chaux, alors qu'avant l'engrais, ces mêmes prairies donnaient un beurre de qualité passable et même bonne.

Emploi de la chaux dans le Bessin. — Quelques fermiers de la région d'Isigny, pour remédier à ces inconvénients, emploient la méthode suivante dans la disposition de leurs engrais. Une première année, ils portent sur les prairies une quantité déterminée de fumier, et font consommer l'herbe qui pousse après cet engrais par des veaux d'élève, ou des animaux de boucherie ; l'année suivante, ils couvrent leurs prairies d'un mélange de terre et de chaux et ils font ensuite consommer l'herbe par leurs vaches laitières.

D'après ces observations, la pratique en arrive à conclure, sans aucune donnée scientifique, que le beurre est d'autant meilleur que le terrain, très riche en humus contient une certaine quantité de calcaire.

Quelquefois, dans la même ferme, le même troupeau confirme cette règle, suivant qu'il se trouve à pâturer dans l'une ou l'autre partie de l'exploitation.

Nourriture des animaux pendant l'automne. — Les regains de sainfoin sont souvent employés à la nourriture des vaches vers le milieu de septembre, dans les fermes qui entretiennent une grande quantité de bétail, proportionnellement à l'étendue des terres en herbe qu'elles renferment. Par ce moyen, on économise une certaine surface de prairies qui, comme on le verra plus loin, sont consommées pendant l'hiver sous le nom d'herbes réservées.

Les regains de pré sont aussi très recherchés pour la fabrication du bon beurre, mais ils exigent le matin une ration de foin pour maintenir les animaux en bonne santé et empêcher les fonctions trop libres de l'appareil digestif.

Il est rare en Normandie, à moins d'un hiver rigoureux et d'une grande quantité de neige, de soumettre les animaux au régime de la stabulation complète. Lorsque les fermiers peuvent laisser tous les animaux en liberté depuis le matin jusqu'au soir, le produit de la laiterie est plus abondant et de meilleur qualité. A ce moment, la nourriture se compose d'herbe, de foin, de farines et de racines. Les tourteaux ne sont point employés avec avantage dans les exploitations normandes. Les racines consistent en betteraves, carottes ou panais. Les betteraves ne sont employées qu'en petite quantité, lorsqu'il est impossible ou trop dispendieux de se procurer d'autres racines. L'expérience a en effet démontré que leur emploi diminuait, non-seulement la quantité du beurre, mais aussi amoindrissait sa valeur.

Nourriture pendant l'hiver. — Avant de faire sortir les vaches de l'étable pour aller pâturer sur les herbes réservées où elles sont maintenues au piquet, on leur donne un repas de farine, de racines en petite quantité, et de foin; en rentrant le soir, elles reçoivent une ration semblable.

Lorsque la neige couvre complètement le sol et qu'il n'est pas possible de mener paître les vaches, on les fait cependant sortir pendant quelques heures au moment de la journée où l'air est le moins froid et où elles sont le mieux abritées contre le vent par les bâtiments d'exploitation. Au cours de cette promenade, elles peuvent boire sans être dérangées et prendre l'exercice nécessaire au maintien de leur bonne santé. L'expérience a prouvé que des vaches, ainsi traitées, donnent un rendement supérieur, à celui d'animaux maintenus au régime de la stabulation complète et absolue.

Du soin des étables. — Pendant ce temps, on procède au nettoyage de l'étable, on renouvelle la litière et on lave les rigoles ménagées pour l'écoulement des purins. Ces travaux, avec une aération suffisante dans les écuries, constituent les principes essentiels de l'hygiène des animaux. Il y aurait encore beaucoup d'autres soins à leur donner, en prenant la peine de les brosser et de les laver lorsqu'ils en ont besoin, mais soit négligence, manque de serviteurs ou de temps, ces soins font souvent défaut. Il faut veiller à ce que la plus grande propreté règne dans les étables, à enlever aussi souvent que possible les excréments des vaches qui, sans cette précaution, se saliraient la mamelle et donneraient de mauvais lait.

CHAPITRE III

PRIX DE REVIENT

Production en lait des vaches. — La quantité de lait que peuvent produire les animaux est très variable; il est nécessaire, pour avoir des points de comparaison, de recourir aux expériences faites dans les écoles.

Un grand nombre d'auteurs nous donnent, comme production moyenne annuelle pour une vache; trois mille litres de lait. Certes ce chiffre, pour certains sujets d'élite et nourris spécialement, n'est pas trop élevé si on admet la période de lactation à trois cents jours. Mais, dans une ferme comptant trente ou quarante têtes de bétail en plein rapport laitier, la moyenne doit être ramenée à deux-mille cinq cents litres : deux mille huit cents litres donneraient un rendement qu'on ne peut rencontrer partout, à moins, toutefois, que chaque vache, ayant atteint cinq ou six mois de lactation, ne fût immédiatement remplacée par une autre venant de mettre bas. Dans ce cas, pour avoir la moyenne vraie, il faudrait diviser le produit total du lait par le nombre normal d'animaux qu'on peut entretenir au même moment.

Durée de la période de lactation. — Il est très rare, dans les exploitations ordinaires, de pouvoir compter trois cents jours de lactation, pour un même animal, à une production moyenne de plus de huit litres de lait par jour.

Le prix de revient exact à la ferme, est à peu près impossible à déterminer pour un troupeau nombreux et si on voulait établir des calculs sérieux, il faudrait d'abord tenir compte du prix d'achat des vaches, de leur moins value, lorsqu'il est nécessaire de les remplacer, du prix de location des prairies, des soins supplémentaires pendant l'hiver et de la variation de prix des différentes matières employées à cette saison comme alimentation.

Valeur des animaux. — Une vache prête à mettre bas peut coûter cinq cents ou cinq cent cinquante francs, et donner une quantité plus considérable de lait qu'une vache dans les mêmes conditions coûtant, sept cent cinquante ou même huit cents francs.

Certainement, il est impossible au moment de la vente de ces deux animaux, devenus impropres au service laitier, d'établir une proportion exacte de la perte. La moins chère a pu être achetée maigre chez l'éleveur et la plus chère achetée grasse. Mais si on admet que le même fermier ait acheté les deux vaches que nous prenons comme point de départ et qu'après les avoir soumises au même régime il vienne à la fin de leur période de lactation les présenter sur un même marché, il est évident que l'une aura acquis, l'inférieure à l'achat et que l'autre sera restée stationnaire, si elle n'a pas même perdu. Le lait de l'une aura donc coûté moins cher que le lait de l'autre.

Valeur du lait. — En présence de ces faits, il est préférable de prendre, comme valeur courante du lait à la ferme, le prix moyen des fermiers voisins exploitant une faible étendue et qui ne voulant pas travailler pour leur propre compte le lait qu'ils recueillent, le vendent à des spéculateurs dont la fabrication montée sur une grande échelle, leur permet et même quelquefois les oblige à acheter du lait, dans ce cas le prix est d'environ quinze centimes le litre.

Par conséquent, un fermier disposant de trente ou quarante vaches pendant toute l'année doit, dans l'établissement du prix de revient, prendre ce chiffre comme base. La moyenne de production restant à deux mille cinq cents litres par an, chaque vache devra lui produire une somme de trois cent soixante-quinze francs.

Ce chiffre souvent dépassé dans les exploitations ordinaires donne un produit journalier, pour toute l'année, période de non-lactation comprise c'est-à-dire, dernière période de gestation, de plus d'un franc par jour et par tête. Il est nécessaire de déduire les non-valeurs pour les vaches qui ne réussissent pas à la première saillie et qui, par ce fait, perdent un temps qu'il est impossible de comprendre dans la nouvelle période de lactation.

Dans l'établissement du prix de revient du lait, tel qu'il vient d'être fait, nous supposons que le producteur conserve toujours les mêmes vaches et les garde d'une année pour l'autre. Cette manière de procéder n'existe pas en fait, surtout pour la fabrication du fromage qui n'a pas toute l'année une égale activité. Au moment de la morte saison, les prairies sont en grande partie occupées par des animaux destinés à la boucherie, le fermier conservant seulement pour la production intensive du lait, pendant le temps nécessaire, les vaches qu'il achète, la moyenne comme quantité de lait s'élève de beaucoup et le rendement en argent est évidemment plus considérable pour chaque jour.

CHAPITRE IV

VENTE DU LAIT EN NATURE

Approvisionnement des villes. — La vente du lait en nature existe peu en Basse-Normandie. Quelques fermiers seulement, voisins des centres, portent leur lait à des crémeries chargées de l'approvisionnement de la ville. Le prix en gros est ordinairement de 30 centimes en été et de 35 centimes en hiver, par double-litre. La distance trop grande qui sépare la Basse-Normandie de Paris et les difficultés de transport, empêchent toute expédition de ce genre vers la capitale. D'un autre côté, la vente du lait en nature serait peu rémunératrice et causerait un grand préjudice à l'élevage, qui se fait sur une vaste échelle dans ces contrées.

La crème seule peut être expédiée et encore en petite quantité pendant l'été. Les fermiers, près des villes ou des plages normandes, ont seuls intérêt à vendre la crème. Le bénéfice qu'ils en retirent est assez rémunérateur, le prix de vente atteignant 1 fr. 50 le litre et même 2 fr.

Quelques producteurs, éloignés des villes, mais très rapprochés des stations de chemins de fer, expédient la crème à Paris pendant l'été. Les prix sont généralement de 1 fr. 50 le litre pour de fortes livraisons. Cette expédition économise la main-d'œuvre qu'entraîne la fabrication du beurre, tout en conservant le lait nécessaire à la nourriture de jeunes animaux d'élevage.

Vente et expédition de la crème pendant l'été. — Dans de telles conditions, cette manière d'agir est avantageuse. En effet, si l'on tient compte de la quantité moyenne de crème nécessaire pour faire un kilogramme de beurre, on voit immédiatement que le prix de vente, indiqué plus haut, correspond à du beurre de 3 francs le kilog. Certes, les producteurs de beurre extra-fin, pour la vente à Paris, subiraient une perte réelle s'il leur fallait agir de la sorte ; mais à côté de ces privilégiés, les producteurs ordinaires peuvent, au moment des chaleurs, trouver une compensation suffisante et même dans certains cas, un bénéfice assuré, vu la difficulté que rencontre la bonne fabrication pendant l'été.

Le lait, ainsi expédié, a quelquefois de grandes distances à parcourir : soit cent cinquante ou même deux cents kilomètres. Pour pouvoir effectuer sans altération un pareil trajet, une denrée aussi susceptible a besoin de subir une préparation spéciale, puisque l'expédition ayant seulement lieu une fois par jour, le soir, il faut joindre à cet envoi la traite du matin.

Appareils nécessaires pour le traitement et l'expédition du lait. — Pour conserver le lait recueilli le premier, on est obligé de le soumettre à deux opérations successives. On le porte d'abord, au moyen d'un bain-marie, à une température voisine de 100°, et ensuite, on le refroidit le plus rapidement possible. Les premiers systèmes employés, pour traiter ainsi le lait, consistaient en grands récipients en tôle contenant de l'eau bouillante, dans laquelle on plongeait les vases en fer-blanc ou taupettes, renfermant le lait. On les y laissait jusqu'au moment où leur contenu atteignait la température d'environ 97°. Ensuite, on les enlevait pour les mettre dans des réservoirs remplis d'eau aussi froide que possible.

Appareil construit par M. Th. Pilter. — Aujourd'hui, la science a fait des progrès et les constructeurs ont perfectionné l'outillage employé dans les laiteries. M. Pilter a trouvé, au moyen d'une ingénieuse combinaison, la réunion, dans un même appareil, et sans qu'il soit nécessaire aux employés de se déplacer ni d'user de force, des deux instruments séparément utilisés, pour faire passer le lait par les températures extrêmes auxquelles il doit être soumis avant son expédition.

On verse dans un bassin, supporté avec le reste de l'appareil, par un châssis en bois, le lait que l'on veut soumettre à la cuisson avant de l'expédier. Au-dessous se trouve une plaque de fer-blanc ondulée, sur laquelle glisse le lait. Derrière cette plaque, et fermée par elle, d'un côté se trouve un récipient dans lequel on fait passer un jet de vapeur.

Lorsque cette première partie de l'appareil a atteint un degré de chaleur suffisante, on ouvre le robinet mettant en communication le réservoir avec la première partie, le lait tombe alors dans une sorte de gouttière qui le laisse glisser en nappe légère sur la plaque ondulée où il atteint rapidement une température d'environ 95°. Après avoir parcouru cette moitié du trajet, le lait ressort à l'air libre, traverse un léger espace et tombe dans une nouvelle gouttière, d'où il glisse sur la plaque ondulée, placée à la partie inférieure, derrière laquelle se trouve de la glace destinée à ramener brusquement le lait à une température aussi basse que possible. Ce dernier sort ensuite par un robinet placé à gauche de l'appareil et mis à hauteur convenable, pour permettre au liquide de pouvoir couler directement dans les bidons destinés au transport.

Bidons pour l'expédition du lait. — L'expédition du lait à grande distance, a été considérablement améliorée depuis un certain nombre d'années. Les vases en fer-blanc, hermétiquement clos, portent le cachet de l'expéditeur, afin d'éviter les fraudes (*fig.* 1). Les wagons, remis par les compagnies de chemins de fer, sont de construction spéciale; ils sont à clairevoie et peuvent porter deux rangs superposés de pots à lait. Cette disposition permet la libre circulation de l'air de sorte que le lait arrive plus frais et dans de meilleures conditions.

Fig. 1.

FABRICATION DU BEURRE

CHAPITRE I

CONSTRUCTION D'UNE LAITERIE

Disposition générale. — Une laiterie destinée à la fabrication du beurre, bien complète, renfermant tous les accessoires nécessaires doit, autant que possible, comprendre quatre appartements distincts, placés sous un même toit, afin d'éviter la perte de temps occasionnée par la recherche d'objets dispersés.

Supposons un grand bâtiment rectangulaire, éloigné de tous les points de la ferme susceptibles de produire de mauvaises odeurs, exposé au vent du Nord et abrité à l'Est et au Midi par un rideau d'arbres. Ce rectangle, orienté de l'Est à l'Ouest, sera divisé en deux parties égales, par un couloir légèrement incliné du côté où on veut obtenir l'écoulement des eaux, provenant des 4 pièces réunies dans le bâtiment. D'un côté, à l'Ouest, sera placée la laiterie dans la partie N.-O. et la crémerie dans la partie Sud-Ouest; ces deux appartements communiquent entre eux. De l'autre côté se trouveront la baratterie et la laverie, cette pièce spécialement réservée pour le nettoyage de tous les vases et objets employés au cour des différentes phases de la manipulation du lait.

Disposition intérieure de la laiterie proprement dite. — La laiterie, bien aérée, devra être munie d'ouvertures, permettant d'établir facilement des courants d'air, ou l'installation de ventilateurs destinés à maintenir toujours la fraîcheur (12°). Le tour sera garni de tablettes de vingt-cinq centimètres de haut et de trente-cinq centimètres de large, sur lesquelles seront placés les vases à lait ou crémières. Au milieu de la laiterie pourra également, dans une grande ferme, se trouver une table de même hauteur et large de un mètre, sur laquelle seront aussi posées des crémières ou serennes.

Ces tables sont recouvertes de pierre de Fontenay ou de larges briques dont les joints, bien faits en ciment, ne laissent aucun creux capable de renfermer des principes de fermentation. Le pavage de la laiterie est fait de la même manière et avec le même soin.

Dans certaines fermes, on ménage un rebord sur les tablettes de la laiterie et on fait couler de l'eau dans ce canal pour obtenir une température plus basse. Dans d'autres laiteries, on installe un jet d'eau; ce système, à mon avis, n'est pas très bon, l'eau pouvant, dans bien des cas, charrier des ferments ou des matières organiques et altérer ainsi la pureté de l'air ambiant. D'un autre côté, une trop grande quantité de vapeur d'eau dans l'air, paraît nuisible au lait pendant la montée de la crème. Le système des courants d'air et des ventilateurs est le plus employé et semble de tous points le meilleur

Chauffage de la laiterie. — Le chauffage se fait à l'aide de poêles ou de courants d'eau chaude, partant du fourneau placé dans la laverie et disposé de manière à pouvoir produire la chaleur nécessaire, quel que soit le système employé.

On peut, au moyen d'un drainage placé sous les bancs qui supportent les vases à lait, faire passer, suivant la saison, un courant d'eau chaude ou un courant d'eau froide, sans que les vapeurs viennent se répandre dans l'air ambiant.

Dans un grand nombre de laiteries, même des plus considérables et des mieux traitées, l'élévation de la température s'obtient à l'aide de réchauds remplis de charbon de bois incandescent, soigneusement dépouillé de tout ce qui pourrait porter odeur ou produire de la fumée. Ce procédé de chauffage a l'avantage d'absorber toute la vapeur d'eau contenue dans l'air et d'amener ce dernier, à un degré de siccité presque parfaite.

Soins de propreté. — Pour les soins de propreté à donner à la laiterie, nous nous trouvons en présence de deux théories, exactement comme pour le refroidissement. Laver souvent, ou maintenir propre la laiterie en lavant rarement. Les fermiers qui emploient cette dernière manière de faire, ont soin de sécher le plus vite possible les dalles de la laiterie, tandis que les autres maintiennent l'humidité sous prétexte de rafraîchir.

Dans la laverie se trouvent un fourneau et une pompe.

Le fourneau est généralement construit en briques, quelquefois il porte un revêtement en fonte. La chaudière en cuivre contient environ cent cinquante litres. Ce fourneau donne l'eau nécessaire aux soins du ménage et, en hiver, peut être utilisé pour le chauffage de la laiterie, soit à l'aide de tuyaux de calorifère ou d'un thermo-siphon.

La pompe, placée dans la laverie, est disposée de manière à pouvoir alternativement amener l'eau dans la baratte ou dans la chaudière du fourneau et à produire une prise d'eau ordinaire.

Le nettoyage de tous les instruments employés pour

la montée de la crème ou la fabrication du beurre, exige des soins de propreté particuliers qu'il est utile de décrire.

Nettoyage des serennes ou crémières. — Lorsque les serennes ou les crémières sont vides, on les apporte dans la laverie, où on les frotte intérieurement avec des orties trempées dans l'eau chaude, que l'on a eu soin de mettre au fond des vases. L'emploi de la potasse en lessive est des plus rares en Normandie, surtout dans le Bessin.

Lorsque les vases ont été bien frottés, on les lave avec de l'eau bouillante, de manière qu'il ne reste plus aucun corps étranger à l'intérieur; ensuite, on les plonge dans la chaudière où ils ne restent que quelques minutes, puis on les laisse égoutter avant de les mettre l'ouverture en bas, sur un feu doux de charbon de bois qui les sèche complètement. Ces deux dernières opérations en Basse-Normandie se disent : *bouillir* et *griller* les vases.

Nettoyage de la baratte. — Dès que le beurre est retiré de la baratte, on laisse égoutter tout le liquide qui reste, on introduit alors une certaine quantité d'eau bouillante et on frotte l'intérieur avec des orties, exactement comme pour le nettoyage des serennes. Ensuite on ferme toutes les ouvertures de la baratte moins une ; on fait couler l'eau qui a servi à ce premier nettoyage et on la remplace par de l'eau bouillante que l'on enferme complètement en bouchant la dernière ouverture, puis on met l'appareil en mouvement pendant quelques instants de sorte que, la vapeur d'eau s'imprégnant dans le bois, dissolve complètement les matières grasses qui pourraient s'être infiltrées dans les parois. On enlève cette eau et on laisse la baratte entièrement ouverte pour lui permettre de sécher rapidement. Lorsque ces différentes opérations sont terminées, on nettoie le sol de la baratterie et de la laverie, en ayant soin d'enlever toute l'eau qui pourrait rester sur les dalles, puis on donne une aération suffisante pour faire disparaître rapidement les traces d'humidité.

CHAPITRE II

APPAREILS DE LAITERIE

Ustensiles pour porter le lait à la ferme. — Les personnes employées au service de la laiterie recueillent le lait, au moment de la traite, dans des vases en cuivre étamés à l'intérieur appelés *cannes*. Ces vases relativement très étroits au col, s'élargissent aussitôt de manière que la partie la plus large, au diamètre, atteigne environ les deux tiers de la hauteur totale. Ces récipients sont fermés, pendant le transport, à l'aide de bouchons en fer blanc ajustés à l'orifice de la cruche, tout en restant complètement indépendants. Souvent même lorsque ce bouchon, pour une cause ou une autre, ne s'adapte pas très exactement à l'ouverture et qu'il y a une certaine distance pour revenir à la ferme nécessitant l'emploi d'une voiture, les laitières consolident le couvercle avec de l'herbe fraîche, roulée à la partie inférieure du bouchon, pour obtenir une obturation complète.

Les moyens de transport du lait, bien qu'ils aient été déjà sensiblement modifiés, laissent encore beaucoup à désirer.

Autrefois, on se servait de cages sortes de hottes quadrangulaires en bois reliées deux à deux avec des cordes ou des lanières en cuir, et portées à dos d'âne. Maintenant que les chemins d'exploitation ont été améliorés, on se sert de voitures légères divisées en compartiments destinés à recevoir chacun une cruche. Quoique cette façon d'agir réalise déjà un véritable progrès, elle demande néanmoins à être perfectionnée. La plupart de ces voitures ne sont pas montées sur ressort et le lait contenu dans les vases, qui ne sont généralement pas très pleins, subit des chocs capables d'altérer sa qualité. En été, après une course un peu longue ou rapide, il arrive parfois de voir apparaître, au-dessus du lait, des grains de beurre qui se sont formés par suite de l'agitation produite pendant le trajet.

Vases employés pour la montée de la crème. — Lorsque le lait est arrivé à la ferme, on le porte aussitôt à la laiterie où il est mis au repos dans des vases appelés serennes ou crémières, contenant environ 18 litres.

Ces vases sont généralement en grès et fabriqués à Noron (Calvados) ou à Vindefontaine (Manche).

La cuisson qu'ils ont subie, à haute température, leur fait prendre un vernis naturel, qui empêche toute porosité et les rend très propres à l'emploi auquel ils sont destinés.

Il y a plusieurs années, un certain nombre de fermiers avaient essayé d'employer des vases en métal; leur choix s'était de préférence porté sur les crémeuses en zinc. Cet essai n'a pas été continué longtemps; les récipients en zinc n'ont pas donné les bons résultats que l'on en attendait et n'offraient pas les avantages que l'on rencontre dans le grès. L'oxydation se produisant très vite rendait le nettoyage plus difficile et faisait souvent couler les vases.

Les crémeuses que l'on emploie le plus en ce moment ont la forme d'un tronc de cône renversé, elles sont généralement assez profondes. Quelques fermières se servent de crémeuses très larges et de peu de hauteur, mais les avantages ne paraissent pas sensiblement augmentés. L'espace nécessaire pour se servir de ces modèles, oblige à des modifications dans la laiterie et à une installation intérieure complètement différente.

Pour maintenir toujours la température moyenne de la laiterie, l'emploi d'un thermomètre est nécessaire.

Avant de mettre le lait au repos pour laisser monter la crème, on a soin de le faire passer dans un tamis, afin d'enlever les corps étrangers qu'il pourrait renfermer. Le tamis se compose quelquefois d'un vase, en cuivre ou en métal quelconque, dont le fond est fermé par une toile légère et très propre. Cette disposition est excellente; elle permet un nettoyage facile et prompt chaque fois que le lait a été passé et empêche l'encrassement qui se produit avec les tamis en crin. Cet appareil sert aussi pour retirer les grains de beurre qui s'échappent de la baratte lorsqu'on laisse écouler le petit lait. Souvent, on emploie pour filtrer le lait un tamis en métal ; les soins de propreté demandent moins de temps et d'attention et le travail se fait dans de bonnes conditions.

Séparation de la crème et du lait. — Pour opérer la séparation de la crème et du lait on se sert, en Normandie, d'un écremoir ou disque en fer battu, légèrement concave et monté sur une poignée en bois, fixée au disque au moyen d'une douille.

Dans certaines exploitations où le lait est écrémé en plusieurs fois, on enlève la première crème avec un écrémoir plein, que l'on fait glisser légèrement entre la crème et le lait, en ayant soin de ne jamais toucher à ce dernier. Cette crème, de qualité supérieure, est mise à part.

Plus tard, la fermière enlève le surplus de la crème, à l'aide d'un disque percé de petits trous, qui laisse tomber les parties les plus liquides, sérum, qui séparent la crème du lait caillé, ramassées pendant l'opération.

La crème ainsi recueillie est mise dans de légers vases en grès munis d'une anse, que la fermière tient de la main gauche. Lorsque ce vase est plein, on renverse son contenu dans des crémières, sorte de grands récipients en grès destinés à cet usage.

La forme diffère peu de celle donnée aux vases à lait; ils sont plus grands, plus gros vers le milieu et vont en rétrécissant vers les deux extrémités, surtout à la partie inférieure.

Souvent et c'est le mieux, ces vases sont munis à la base d'un trou fermé au moyen d'un bouchon en bois. Cette disposition permet, avant le barattage, de laisser écouler le caséum et le petit lait recueillis avec la crème au moment où celle-ci a été séparée de la masse liquide. La densité du caséum et du petit lait étant plus grande, ces deux derniers se déposent au fond de la crémière et peuvent facilement être enlevés.

De la baratte normande. — La baratte, employée en Normandie, a la forme d'un tonneau et repose sur deux chevalets, elle est munie, à chaque extrémité, d'une tige de fer ou tourillon, placée sur des coussinets (*fig.* 2) et (*fig.* 3) et subdivisée en trois branches, for-

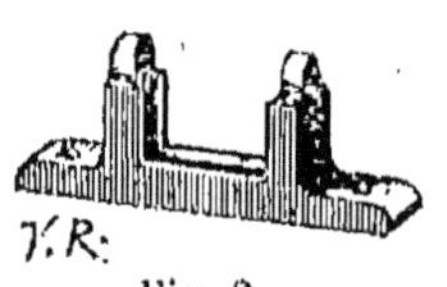

Fig. 2.

Fig. 3.

mant angle droit avec la tige principale, fixées sur les fonds à l'aide de vis. L'intérieur de la baratte se trouve ainsi complètement libre de toute pièce dépendant de l'appareil moteur; le nettoyage devient donc d'une très grande facilité.

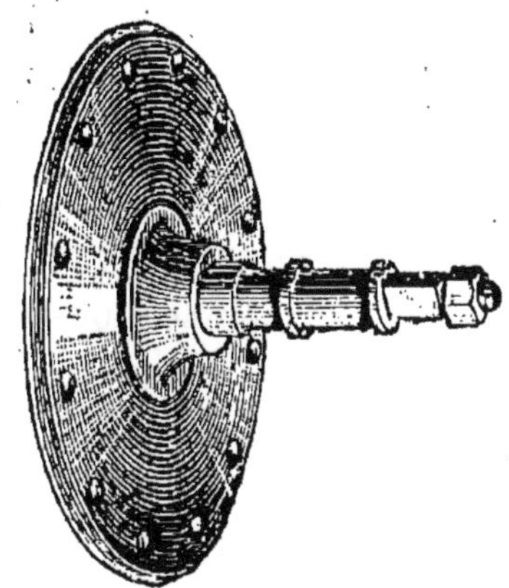

Fig. 4.

Dans les grands appareils, le tourillon est fixé sur la baratte au moyen d'un plateau (*fig.* 4) en fonte ou en fer poli.

Les barattes de grande dimension sont munies de deux ouvertures de forme ellyptique dans les anciennes et rondes dans les nouvelles. L'obturation s'obtient au moyen d'un bouchon en bois maintenu par une traverse (*fig.* 5) et (*fig.* 5 *bis*).

Fig. 5.

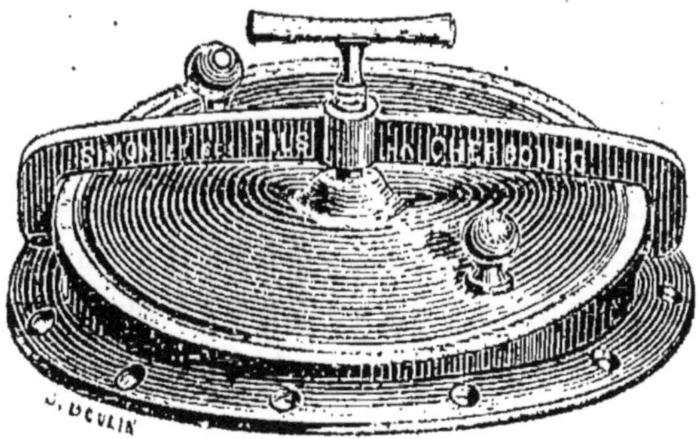

Fig. 5 bis.

MM. Simon et fils, de Cherbourg, construisent un nouveau bouchon se composant simplement d'un cercle ou anneau métallique fixé sur la baratte et du couvercle de ce cercle (*fig.* 6).

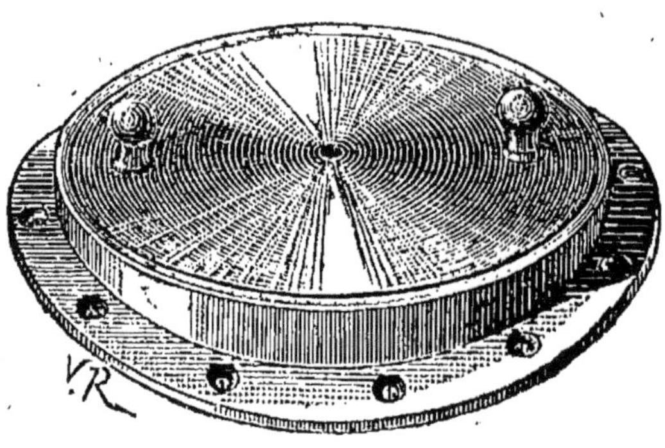

Fig. 6.

Pour ouvrir et fermer ce bouchon, il suffit de tourner à gauche ou à droite d'un sixième de tour, ce qui rend l'ouverture et la fermeture presque instantanée.

Ces ouvertures sont destinées à faciliter les soins de propreté et à permettre l'introduction de la crème ; en plus, toutes les barattes sont percées de deux trous. L'un très petit, fermé par un fosset, laisse échapper les gaz qui se forment au commencement du barattage et l'autre, d'environ trois centimètres de diamètre, sert à retirer le lait de beurre ou babeurre.

A l'intérieur de la baratte se trouvent, fixées par les deux extrémités, trois planches placées dans le sens de la longueur. La crème agitée, par le mouvement de rotation, vient frapper sur ces barres intérieures, pour de là retomber sur les parois et ainsi de suite, jusqu'au moment où le beurre se forme en grains.

Les trois barres, sur lesquelles la crème vient se diviser en frappant, ne doivent jamais toucher dans leur longueur aux bords de la baratte, mais en être éloignées de plusieurs centimètres, sans quoi les angles formés seraient autant de réceptacles pour les ferments, qu'il serait difficile, pour ne pas dire impossible, de nettoyer.

Un constructeur ingénieux a tenté d'apporter une amélioration, en laissant voir l'intérieur de la baratte au moyen d'une glace encastrée à l'une des extrémités; cette disposition rend peu de services réels, la glace se trouve toujours ternie et les grains de beurre qui viennent se coller à la surface, sont peu apparents. Il faut donc, comme avec les autres barattes, suivre le mouvement intérieur de la masse liquide, sans se confier entièrement aux renseignements fournis par l'apparition des grains de beurre sur le verre.

Manèges. — La mise en mouvement s'obtient pour un appareil de petite dimension, à l'aide de manivelles fixées à l'extrémité des tourillons. Lorsqu'il faut agir sur de grandes quantités de crèmes, comme il arrive dans le Bessin, l'appareil est mis en mouvement au moyen d'un manège sur lequel on attelle un cheval. La force motrice se transmet à l'intérieur de la baratterie au moyen d'un arbre de couche. A l'extrémité est fixée une poulie sur laquelle glisse une courroie ou une chaîne Vaucanson. Un embrayage permet d'arrêter ou de laisser tourner la baratte, sans que pour cela le cheval cesse de marcher d'un pas régulier (*fig. 7*).

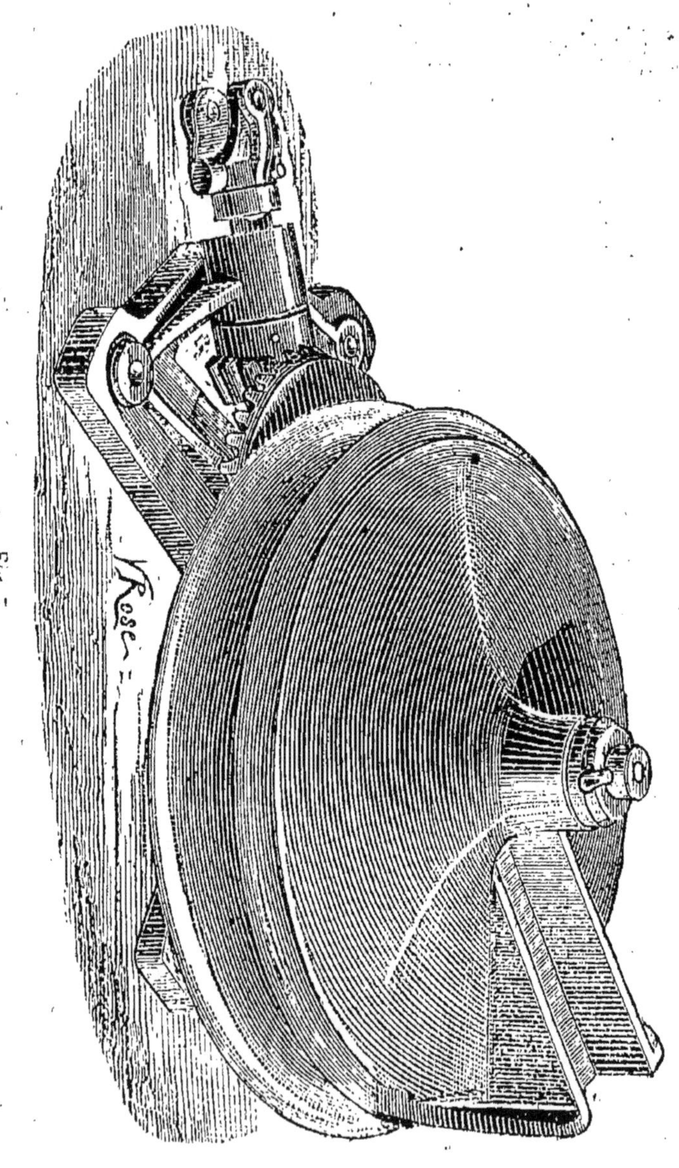

Fig. 7.

Tout autre moteur, tel que machine à vapeur ou chute d'eau, peut-être utilisée avec avantage.

Instruments servant à la préparation du beurre et à son expédition. — Dans l'appartement où se fait le beurre, la baratterie, on voit encore, au nombre des instruments servant à sa préparation et à sa mise en motte pour le marché, une table, ou même un trépied, sur lequel est posé un plateau en bois appelé *sanne*, muni de quatre poignées permettant de le déplacer facilement. C'est sur cette sanne, faite en bois de hêtre ou de frêne, que le beurre est apporté aussitôt retiré de la baratte. Tous les morceaux en sont pressés avec une cuillère en bois dur et une spatule ou batte, pour achever d'en exprimer l'eau mélangée au lait de beurre. Puis on réunit ces morceaux sur la sanne pour en faire un pain, ou motte, qui sera expédié au marché.

J'ai seulement rappelé cette méthode qui, quoique très utilisée en ce moment, tend à disparaître dans les grandes exploitations, pour faire place à l'emploi des malaxeurs, appareils dont nous aurons à nous occuper dans une autre partie de ce travail.

L'emballage pour l'expédition demande aussi de grands soins. Lorsque le beurre est prêt à être expédié, on l'enveloppe dans un linge préalablement mouillé, comme tous les objets qui ont servi à la fabrication.

Lorsque cette opération est terminée, on place le beurre dans un panier rempli de paille fraîche et surtout n'ayant aucune odeur. La panier est ensuite ficelé et on ajoute au-dessus l'adresse du facteur aux halles centrales, avec l'indication du poids contenu et le nom de l'expéditeur, si la vente doit avoir lieu à Paris. Chaque *jour de beurre* à la ferme, un voiturier, désigné sous le nom de *beurrier*, passe dans les exploitations d'un même rayon, récolte tous les paniers et se charge de l'expédition à la gare la plus voisine, vers la fin de sa tournée.

Lorsque la fermière vend directement son beurre sur un marché normand, c'est-à-dire sur le marché où elle va ordinairement faire les approvisionnements de la ferme, les précautions sont un peu simplifiées. Vendant elle-même le produit qu'elle a apporté, le panier n'est pas lié et ne porte pas d'indication de noms ni de poids, puisque le beurre est pesé sur place par l'acheteur en présence du vendeur.

CHAPITRE III

FABRICATION DU BEURRE EN NORMANDIE

Différentes températures employées pour la fabrication. — Dans le Nord et surtout en Danemarck, on faisait le beurre il y a quelques années, c'est-à-dire avant l'emploi récent des écremeuses centrifuges, avec de la crème montée à la température d'environ 4°.

Dans le Jura, le Dr Bousson nous a dit autrefois obtenir les meilleurs résultats à la température de 19°.

En Normandie, on fait le beurre en opérant pendant tout le temps nécessaire à sa fabrication, à une température comprise entre 12° et 14°.

Il y a là deux manières, surtout, très-différentes d'opérer sur lesquelles je me propose d'appeler l'attention et de faire connaître les résultats obtenus, en me conformant aux méthodes enseignées pour chacune d'elles.

J'ai puisé dans l'ouvrage de M. Chevron (1877) sur la laiterie, les renseignements nécessaires pour travailler d'après la première méthode. Pour la seconde, suivie en Normandie, je me suis attaché à l'expérience des producteurs. Je n'ai point la prétention de donner comme indiscutables les chiffres obtenus, le rendement du lait étant sujet à de trop grandes variations. Il faut faire beaucoup d'essais et se contenter d'une moyenne: c'est ce que j'ai fait.

Pendant plusieurs jours et à plusieurs reprises, de grands froids m'ont permis d'agir à une basse température pour obtenir facilement et d'une manière régulière, la montée de la crème à 4°.

Pour réussir à faire ces expériences et surtout pour ne pas travailler dans la même ferme, il m'a fallu vaincre bien des résistances et encore promettre de n'agir que sur une quantité relativement peu considérable. Déjà, des expériences de ce genre avaient été tentées et avaient donné de mauvais résultats. Aussi, pour ne point exposer les fermiers obligeants, qui voulaient bien me permettre de continuer chez eux mes essais, j'ai toujours employé la même quantité de lait prise sur l'ensemble de la production de la vacherie; soit cent litres.

Volume du lait nécessaire pour la fabrication d'un kilogr. de beurre. — Le tableau suivant indique les quantités de lait nécessaires à des températures différentes pour obtenir un kilogramme de beurre.

4°	23 l. 5 —	26 l. 5
6°	25 l. 7 —	27 l. 7
12°	27 l. 1 —	28 l. 2
19°	31 l. 7 —	33 l. 4

On voit par ces chiffres que la méthode danoise ou de refroidissement est préférable au point de vue de la quantité, puisque 25 litres, au maximum, suffisent à donner un kilog. de beurre, alors qu'il faut 28 litres de lait pour obtenir un même poids à une température de 12°.

Différence de rendement à valeur égale pour un kilogr. — Si le poids devait être seul apprécié, la production aurait évidemment fait un grand progrès, puisqu'en calculant le rendement moyen d'un bon troupeau de vaches laitières à deux mille cinq cents litres par tête on obtient, par la méthode du refroidissement, cent kilogrammes de beurre, alors que dans l'autre cas, on trouve seulement quatre-vingt-neuf kilogr., soit une différence de onze kilogr. en moins pour la méthode normande (12°).

En supposant que le kilogr. ait une valeur moyenne de 4 fr. on obtient :

100 kilogs	à 4 fr.	= 400 fr.
89	— 4	= 356

Ce qui donne un écart de 44 fr. par tête. Cette différence vaudrait bien la peine que l'on y prît garde, si elle ne trouvait une compensation, plus que suffisante, dans la qualité des produits et ensuite, par le peu de dépense occasionnée pour le maintien de la laiterie à une température de 12°.

Comparaison des rendements. — Le beurre, dans le premier cas, a certainement une assez belle couleur naturelle et une assez belle pâte, mais il est loin d'avoir la saveur et le parfum des autres, par conséquent, il ne peut atteindre le même prix sur le marché. Il est facile de voir combien il faut peu de chose pour lui faire subir une diminution sensible, une couleur moins belle, une pâte plus cassante, une saveur et un arôme moins fins, suffiront à produire un écart considérable. Supposons que cet écart soit de cinquante centimes par kilog., et certes il est plus grand pour les beurres de choix qui atteignent sept francs le kilog., on obtient les chiffres suivants :

100 kilogs à 4 fr. = 400 fr.
89 — 4 fr. 50 = 400 fr. 50

qui donnent le même résultat à la fin de l'année et cependant on fait une économie notable.

A de rares exceptions près, il est difficile d'obtenir une température voisine de 4°. L'hiver seulement on peut le faire sans dépense, mais l'été il n'en est pas de même dans nos climats. On peut, il est vrai, faire couler de l'eau dans des cuves contenant les crémières; mais ce n'est pas un moyen bien efficace pour avoir une grande diminution de température. L'emploi de la glace (crémeuse Cooley) serait de beaucoup préférable, mais on ne peut facilement en disposer en quantité suffisante et on ne l'obtient qu'à grands frais. Si d'un côté nous avons économie pour le chauffage l'hiver, il y a dépense pour le refroidissement du lait en été, car la température est plus souvent supérieure à 4° qu'inférieure ou voisine. La crème demandant à être ramenée à 12° au moment du barattage, il y a donc double dépense.

Influence de la fermentation lactique. — Une raison existe encore pour laquelle la méthode du refroidissement est mauvaise; l'arôme du beurre ne se développe bien qu'à une certaine température moyenne et après quelques heures seulement de repos. Est-ce l'effet de la fermentation amenant la formation d'acide lactique? Il est en ce moment, je crois, impossible de le déterminer. Il faudrait avoir recours à des expériences très longues et très minutieuses, qui, jusqu'à ce jour, n'ont pas eu lieu ou, tout au moins, n'ont pas donné de résultats appréciables. Le Dr Ségelke, si connu pour ses travaux sur la laiterie en Danemark, conclut dans le sens d'une légère fermentation du lait pour obtenir de bon beurre, ayant un arôme bien développé. Il en est également de même pour les fromages et les vrais praticiens affirment, d'après leur expérience, que le parfum des fromages gras, le goût de noisette, si recherché dans les produits de la laiterie, se développe mieux, lorsque le lait reste douze heures soumis à une température moyenne avant d'être employé. Dans ce cas, la fermentation lactique peut se produire, ce qui n'arrive pas, ou du moins très difficilement, avec la méthode Swartz, puisque le degré de température a été trop abaissé.

La qualité des beurres normands, en ce qui concerne le parfum et l'arôme, vient donc évidemment du temps employé à 12° pour la montée de la crème. A 12° les principes fermentescibles pouvant agir, aident certainement à augmenter la qualité du produit.

L'emploi des écrémeuses centrifuges, permettant de séparer instantanément la crème du lait, doit nécessairement avoir les mêmes inconvénients que le refroidissement, puisque ces appareils n'ont d'utilité réelle que dans les grandes exploitations, où ils simplifient considérablement le matériel de laiterie, en permettant le barattage aussitôt après la traite.

Si le principe admis par le Dr Segelke est, comme il semble, d'une parfaite exactitude, la crème séparée immédiatement du lait ne peut produire un beurre de qualité supérieure, susceptible d'être comparé aux beurres obtenus avec la méthode normande.

Résultats d'expériences faites en 1878-1879. — Dans les essais que j'ai tentés en employant parallèlement les deux méthodes, il m'a fallu vendre les deux produits, la différence sur le marché, est encore une preuve en faveur de la fabrication normande. Les prix obtenus ont donné en moyenne 3 fr. 85 par kilogramme, en employant le système du refroidissement, et 4 fr. 60 dans l'autre cas, soit un écart de soixante-quinze centimes. En appliquant ces chiffres au rendement moyen admis plus haut pour une vache on aura :

100 kilos à 3 fr. 85 = 385 fr.
89 — à 4 fr. 60 = 409 fr. 40.

ce qui fait une différence en moins de 24 francs par tête, au détriment de la méthode du refroidissement. Ce résultat, ajouté aux avantages déjà mentionnés, l'hésitation n'est plus permise.

Je n'ai malheureusement pu faire avec netteté les mêmes expériences sur les données indiquées par le docteur Bousson, 19°; je ne puis donc apprécier exactement les avantages ou les inconvénients qui pourraient résulter, pour l'industrie beurrière en Normandie, du degré de température auquel il est utile d'opérer dans le Jura.

Je me bornerai simplement à faire connaître les inconvénients qui se produisent pour notre fabrication pendant l'été, époque à laquelle nous avons de 18 à 25° de température extérieure.

Inconvénients d'une température trop élevée. — D'abord, le rendement paraît moins considérable et si on se reporte aux résultats indiqués par les expériences de M. Tisserand, on voit qu'il en est bien ainsi. Le beurre se forme plus rapidement mais en moins grande quantité ; il est d'une pâte moins belle et d'un arôme moins fin, il a moins de consistance et paraît se conserver moins bien.

Aussi pendant l'été, pour remédier à cet inconvénient procède-t-on au barattage dès le point du jour, afin d'éviter la grande chaleur et de rester toujours à une température voisine de 12°.

Avantages de la méthode normande. — Après avoir fait connaître les défauts actuels des méthodes précédentes, il me faut indiquer la manière de procéder en Normandie ; et, sans craindre de paraître téméraire, je considère comme la meilleure, la méthode de fabrication que je vois employer depuis longtemps. On peut affirmer, et les preuves en sont données par les cours sur le marché de Paris, que les beurres normands, atteignent les prix les plus élevés sur les autres concurrents. La même préférence existe sur les marchés étrangers. S'ils n'étaient pas réellement supérieurs, pourquoi cette différence de prix et cet avantage marqué en leur faveur ?

En présence d'un résultat aussi incontestable, chacun, je pense, sera amené à conclure avec moi, que la méthode dite tempérée, puisqu'elle se trouve entre les autres, est préférable. Je l'ai dit plus haut, le refroidissement après avoir été essayé a été abandonné par suite des mauvais résultats obtenus et il a fallu revenir aux anciens errements. Toutes les laiteries normandes sont maintenues à une température de 12° et jamais, sauf pendant les grandes chaleurs, seulement pour les laiteries où il est impossible de disposer de moyens de ventilation suffisants, la température ne dépasse 14°.

Méthode normande pour la fabrication du beurre. — La crème levée sur les crémières, et qu'il faut conserver pendant un jour ou deux, jusqu'au moment du barattage, est maintenue à la même température que le lait et placée dans un local spécialement affecté à cet usage.

En hiver, la crème est battue vers le milieu de la journée, au moment où le froid se fait le moins sentir. Il est essentiel de chauffer la baratte avant d'y introduire la crème, sans quoi le beurre ne pourrait se séparer facilement du liquide. Pour cela, on verse dans l'appareil de l'eau bouillante en quantité suffisante pour que la température intérieure atteigne 13° environ après quoi, on laisse écouler l'eau, et on introduit la crème. Malgré cette précaution il est encore quelquefois utile, pendant les grands froids, de mettre de l'eau chaude ou du lait à la fin du barattage, pour amener une séparation complète du beurre, l'eau ou le lait doit au plus marquer 16 ou 17°.

En été au contraire, il faut faire le beurre dès le matin, afin de travailler au moment le moins chaud de la journée et on a soin d'introduire de l'eau fraîche dans la baratte pour obtenir 11°; il est même aussi quelquefois utile, pendant l'opération d'ajouter de l'eau fraîche à la crème en évitant de la mettre trop froide.

La baratte employée, a généralement la forme d'un tonneau; la vitesse de rotation est d'environ cinquante tours par minute. Ce mouvement peut être accéléré ou retardé. La température extérieure doit guider le fabricant. En effet, plus le mouvement est rapide, plus la température intérieure augmente par suite du frottement accéléré des molécules liquides. On conçoit donc aisément qu'en hiver, une vitesse plus grande soit nécessaire pour maintenir la crème à un même degré de chaleur, alors que par un temps chaud, un mouvement plus lent, a pour effet d'amener un échauffement moins grand de la crème. La trop grande élévation de température à l'intérieur de la baratte, diminue la qualité du beurre, l'arôme se perd, la pâte devient moins belle, moins homogène, plus blanche, on dit alors que le beurre est brûlé.

Après de nombreux essais, qui tout en tenant compte de la vitesse de rotation, ont donné des résultats peu différents les uns des autres, on peut admettre que la température intérieure de l'appareil s'élève de un à deux degrés suivant la saison.

L'intérieur de la baratte étant à 13° en hiver et à 11° en été, la crème à 12° au moment de son introduction dans l'appareil lors de la mise en mouvement, on a sensiblement 12° puisque la baratte s'est refroidie ou réchauffée suivant la saison pendant laquelle on opère. Lorsque les grains de beurre commencent à se former, un thermomètre placé à l'intérieur de la baratte marquera 14° ou un demi-degré en plus.

Les beurres de Normandie ne sont presque jamais colorés artificiellement. Pendant l'hiver seulement, lorsque les animaux sont soumis au régime de la stabulation complète et reçoivent une certaine quantité de betteraves. La préparation du beurre nécessite l'emploi de colorants. Ces derniers ont été pendant longtemps des plus simples ; des carottes râpées, ou des fleurs de souci.

Délaitage du beurre en Normandie. — La manière dont on opère le délaitage des beurres en Normandie, est une des causes principales de leur qualité et de leur conservation. Le délaitage se fait à l'eau et dans la baratte même. Dès que le beurre est formé, on fait écouler une partie du lait ou babeurre que l'on remplace par de l'eau au moyen d'une bonde. Quelquefois elle présente la forme suivante (*fig.* 8).

Fig. 8.

Elle sert à la fois de bonde et de fossé; il suffit de la faire tourner un peu pour donner de l'air et davantage pour soutirer le lait de beurre. On peut ainsi régler à volonté la vitesse de sortie du liquide.

Le beurre étant une matière grasse, parfaitement insoluble dans l'eau, ne se trouve nullement altéré, tandis que les corps étrangers sont entraînés dès que ce premier mélange est fait, on remet l'appareil en fonction, en ayant soin de lui imprimer un mouvement de rotation assez lent. Puis on fait écouler une partie du liquide contenu dans la baratte et on ajoute de nouveau une certaine quantité d'eau. La même opération doit se reproduire, jusqu'à ce que l'eau revienne parfaitement claire et limpide. On retire ensuite le beurre pour le porter sur un plateau en bois ou *sanne*, où on procède à sa mise en motte. Depuis quelques années, les fermiers se servent du malaxeur pour exprimer complètement le lait de beurre mélangé à l'eau, qui pourrait encore rester après le délaitage le plus parfait.

TRANSFORMATION DU MATÉRIEL

CHAPITRE I

ORIGINE DU BEURRE

Le beurre chez les anciens. — Depuis longtemps, la fabrication du beurre est connue. Plusieurs écrivains font remonter son origine jusqu'aux temps les plus anciens et douze siècles, dit-on, avant l'ère chrétienne, il existait déjà dans l'Inde.

Dans des temps plus rapprochés, les Scythes et ensuite les Romains l'employaient comme onguent contre les blessures. Il y a deux siècles environ, un poëte aimable, parlant de la base de la fine cuisine actuelle, le beurre de mai qui est sans contredit le plus délicat et le meilleur de conservation, prétendait qu'avec du « beurre de mai et de la graisse de loup » on obtenait un remède salutaire.

Par quel procédé les anciens ont-ils trouvé le beurre

et sont-ils arrivés à le séparer du lait? Je ne saurais le dire. Peut-être, et ce serait le plus probable, ont-ils laissé du lait caillé dont la crème n'était point enlevée, dans une outre ou tout autre récipient, au moment d'un changement de camp, tel qu'ils le pratiquaient souvent dans leur vie nomade, et qu'en arrivant à leur nouveau campement, ils aient trouvé tout formés ces grains qui font actuellement les délices des vrais gourmets. Je suis loin d'affirmer que ce soit l'origine exacte, mais dans tous les cas, elle est aussi plausible que tant d'autres (1), puisque nous voyons quelquefois après un long trajet, en été, des grains de beurre surnager à la surface du lait quand il arrive à la ferme; et même je dirai que son emploi pharmaceutique peut venir de cette circonstance, car souvent les changements de camp étaient le prélude ou la suite de combats sanglants.

Depuis ce temps, que l'on peut appeler préhistorique pour le travail dont je m'occupe en ce moment, bien des améliorations se sont produites dans la fabrication; et l'étude, s'il était possible de préciser bien exactement l'époque de chaque changement d'outil, serait des plus intéressantes.

Malheureusement, il nous faut commencer, sans date certaine, au moment où le lait caillé était battu dans des vases en bois ou en terre, ayant servi à la montée de la crème.

Lettre de Tunisie (1). — Je trouve dans une lettre adressée à sa famille, par un sergent qui a fait la campagne de Tunisie, des détails que je joins à ce chapitre comme complément des suppositions énoncées plus haut sur l'origine du beurre.

La véracité de ces renseignements est d'autant plus certaine, que ce jeune militaire est actuellement chef d'une exploitation agricole dans le département de la Manche, et qu'il fabrique lui-même d'excellent beurre.

« D'abord, les habitants de cette tribu mettaient le « lait de vaches *frais* dans des peaux de chèvres non « tannées, attendu, disaient-ils, qu'elles conservent « mieux la fraîche que si elles étaient tannées.

« Au bout de vingt-quatre heures de séjour dans ces « peaux, le lait, à cause de la grande chaleur, était « crémé ; et, sans extraire la crème du caillé, les mou-« kers (femmes) imprimaient des secousses à la peau « de chèvre et à son contenu, en soulevant et replaçant « alternativement et brusquement à terre cette peau. « Le lait finissait, au bout d'un quart d'heure à vingt « minutes, par donner une quantité de beurre non-« amassé, mais dont les grains avaient la grosseur de « petites noix et d'un goût peu délicat, je dirais même « bien mauvais généralement. J'ai remarqué aussi que « les tunisiens ne lavaient pas le beurre.

« Voici maintenant un usage moins commun et que « j'ai cependant remarqué au même endroit.

« Les moukers battent la peau de chèvre jusqu'à ce « que son contenu ait donné du beurre. Elles roulent « cette peau pleine de lait sur l'herbe, et frappent des- « sus à coups de bâton.

« Je n'ai jamais vu employer les terrines comme en « France; je n'ai jamais vu non plus partager la crème « d'avec le lait caillé.

« Les Tunisiens sont tous friands de lait frais de « vache ou de chèvre et par conséquent ne font que « très peu de beurre. Le lait et le beurre sont remplis « de poils.

« J'ai obtenu moi-même à Kérouan de très bonne « crème et de très bon lait caillé, en mettant, dans un « pot en terre, du lait frais de vache; je crois que si la « crème eût été battue dans une baratte, à la mode « française et le beurre bien lavé, il aurait été ex- « cellent.

« Maintenant, quand ces tribus nomades déména- « gent, les moukers emportent le lait sur leur dos et « en chemin, la secousse des pas fait faire le beurre. « C'est, disent-ils, ce qui leur a appris que le lait « fournissait du beurre. Celui-ci est encore plus mau- « vais que le précédent, car il est trop chauffé du so- « leil. »

CHAPITRE II

APPAREILS POUVANT INDISTINCTEMENT RETIRER LE BEURRE DE LA CRÈME OU DU LAIT

Premiers appareils probables.— Les premiers fabricants se sont probablement contentés d'agiter le récipient contenant le lait caillé après l'avoir préalablement fermé hermétiquement.

Pour obtenir un travail plus économique et moins fatiguant, ils ont sans doute attaché la cruche en grès ou en métal à une corde fixée à une poutre et ils l'ont mise en mouvement avec la main, ainsi que je l'ai encore quelquefois vu faire, dans certains cas, jusqu'au moment où ils ont obtenu le beurre.

Cette manière de procéder, donnant des résultats médiocres, l'idée sera venue de laisser la cruche au repos et d'agiter intérieurement le lait ou la crème qu'elle contenait au moyen d'un pilon plein, mis verticalement en mouvement à l'aide de la main et avec une fatigue énorme.

Barattes à piston. — Ce pilon plein, difficile à manier à cause de la résistance qu'il offrait, a été remplacé par un autre, percé de petits trous. L'agitation de la masse liquide était plus considérable et l'effort moins grand, mais jusqu'à ce moment la baratte, mot consacré actuellement, était en grès, fragile par conséquent, et pouvait par suite d'un choc trop violent, occasionner une perte complète de la crème.

L'idée est alors venue de construire la baratte en bois affectant la forme d'un tronc de cône. Les risques de la casse étaient donc évités, et avec un temps plus ou moins long et un travail plus ou moins grand, l'opération devait forcément réussir. Mais l'homme, dont l'intelligence doit en tout et partout suppléer à la force et à la résistance physique, devait nécessairement trouver un perfectionnement.

Le mouvement de va et vient, que subit le pilon ou batteur, était en entier le résultat de l'énergie humaine, il fallait la soulager. Aussi voit-on apparaître le balancier avec contre-poids, ainsi qu'il existe encore en Bretagne et en Vendée.

Barattes rondes fixes. — La fabrication du beurre prenant chaque jour une extension plus grande, il a fallu modifier et perfectionner les appareils en augmentant leurs proportions. C'est alors que l'on se trouve en présence de deux systèmes différents : le récipient fixe, quelle que soit sa forme, avec le batteur mobile, et le récipient mobile avec le batteur fixé à l'intérieur.

La baratte tronc-conique n'a pas pu continuer à être employée pour agir sur de grandes masses, jusqu'au moment où on est parvenu à appliquer au pilon, transformé lui-même, une force motrice considérable.

Il a donc fallu recourir à une autre disposition qui, en général, a été partout du même genre avec des modifications plus ou moins grandes. Un tonneau fixe, placé horizontalement, terminé à sa partie supérieure par une section plate formant couvercle (*fig.* 9). Par cette ouverture, on introduit l'appareil moteur composé d'une série d'ailettes, à l'intérieur desquelles on fait glisser une tige quadrangulaire,

Fig. 9.

traversant la baratte dans toute sa longueur et terminée par une manivelle. Lorsque la baratte est grande, une seconde manivelle s'ajoute à l'autre extrémité de la tige.

La nécessité reconnue pour avoir du beurre de bonne qualité et facilement, de travailler toujours à une même température soit entre 12° et 14° a fait apporter deux perfectionnements, l'introduction d'un thermomètre et la construction d'un bain placé sous la baratte, bain que l'on obtient au moyen d'une double enveloppe. Dans ce récipient on peut à volonté suivant la saison, mettre de l'eau chaude ou de l'eau froide.

Barattes rondes mobiles. — La seconde transformation, c'est-à-dire le batteur fixe placé à l'intérieur d'un appareil mobile, a vraisemblablement comme principe la baratte ronde en forme de tonneau, encore employée en Basse-Normandie. Une fois le mouvement de rotation imprimé à l'appareil, ce dernier n'a plus besoin d'une grande force d'impulsion pour maintenir son mouvement. Le va et vient régulier du liquide aide lui-même, par les secousses continuelles qu'il imprime, à maintenir la marche normale.

Baratte Chappellier. — Plusieurs modifications et perfectionnements ont aussi eu lieu pour cette seconde transformation de la baratte primitive. C'est ainsi que nous la voyons devenir octogonale ou polyédrique, comme l'appelle son inventeur, M. Fouju, mais la difficulté de nettoyage du batteur fixe, fait maintenant préférer la baratte Chappellier (*fig.* 10),

Fig. 10.

construites sur un modèle à peu près semblable, mais avec des batteurs fixes longitudinaux comme dans la baratte normande qui, dans les pays de grande production où elle est spécialement employée, a été perfectionnée ainsi que nous l'avons vu plus haut, sans cependant changer de forme.

M. Chappellier a, par l'introduction d'un récipient métallique et d'un thermomètre, trouvé le moyen de maintenir pendant tout le temps du barattage, l'intérieur de l'appareil à une température constante. Pour obtenir ce résultat, il suffit d'introduire dans le récipient métallique une certaine quantité d'eau dont la température est déterminée par le degré de la température ambiante, et les variations du thermomètre placé à l'intérieur de la baratte.

L'invention des manèges à chevaux, appliqués à la mise en mouvement de ces appareils, a apporté de nouvelles améliorations et maintenant dans les grandes laiteries, nous voyons employer concurremment les machines à vapeur, les chutes d'eau et les manèges comme force motrice.

Baratte tronc conique à batteur rotatif. — Ce changement a permis de revenir, dans certains pays, à la forme de l'ancienne baratte à piston, mais la disposition du batteur n'est plus la même, le mouvement au lieu d'être vertical, est maintenant rotatif (*fig.* 11).

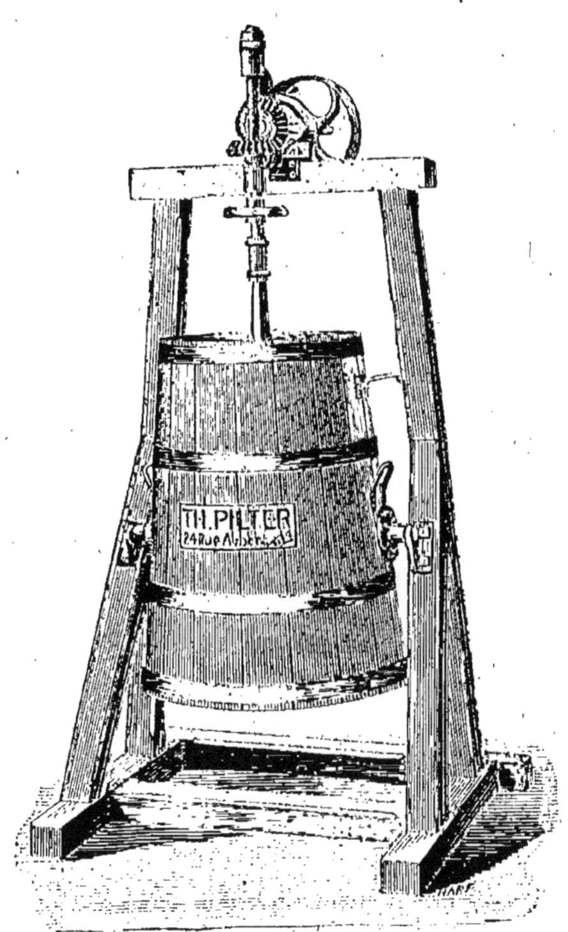

Fig. 44.

Une tige munie d'ailettes, placée à l'intérieur de l'appareil, est mise en mouvement au moyen d'un système particulier d'engrenage, disposé au-dessus de l'appareil. L'intérieur de la baratte a été lui-même légèrement modifié par l'adjonction de batteurs fixes, telle est du moins la disposition actuelle des barattes danoises, que l'on peut considérer en ce moment comme les meilleures à récipient fixe.

Transmission du mouvement aux barattes. — Les perfectionnements pour les barattes à récipient mobile ont surtout varié dans les différentes manières d'obtenir et de régler le mouvement. Les unes sont à transmission fixe dont on ne peut changer la vitesse, les poulies ont un diamètre déterminé et ne peuvent être remplacées. Telle est l'agencement adopté pour l'emploi des chaînes Vaucanson.

Les autres systèmes qui nécessitent l'emploi de courroies, ont deux poulies doubles de diamètre différent et placées en diagonale, de sorte qu'en changeant la transmission du manège à la baratte, on peut obtenir deux vitesses différentes, calculées sur des moyennes de température et de temps prises en hiver et en été.

Commande de la baratte à manège par friction. — Cet appareil, créé par MM. Simon et fils de Cherbourg, a pour but d'obvier aux inconvénients que présente la commande d'une baratte par engrenages, chaînes, courroies etc., et, de plus, de faciliter la mise en marche ou l'arrêt instantané sans avoir à s'occuper du cheval.

Ce mécanisme très-simple, se compose d'un plateau, un peu plus grand que ceux généralement employés, sur la circonférence duquel on pratique une rainure triangulaire. Au-dessous de ce plateau est placé un volant à couronne triangulaire, qui reçoit la commande de l'arbre du manège.

Un levier sert à établir le contact entre le plateau et le volant, ou à l'intercepter en baissant ou élevant de quelques millimètres le bout de la baratte (*fig.* 12).

Il en résulte que, lorsque le volant tourne et qu'il y a contact, il entraîne par friction la baratte; lorsqu'on intercepte le contact elle s'arrête instantanément. Les avantages de ce système sont la facilité de la mise en marche et de l'arrêt, ce qui a lieu sans aucun choc. De plus le poids produisant la friction, la tension sur le volant est constamment proportionnelle à la charge, par suite, la dépense de force pour l'entraînement, est proportionnelle au poids à entraîner, ce qui n'a pas lieu avec les chaînes, courroies. Un certain nombre de barattes sont déjà munies de ces commandes dans les fermes du Cotentin.

Fig. 12.

Commande à changement de vitesse pour baratte à manège. — Un nouveau perfectionnement pouvant s'appliquer à tous les appareils qui nécessitent pour leur mise en mouvement l'emploi d'un moteur mécanique, a été également construit par MM. Simon et fils, de Cherbourg.

Le mécanisme se compose de deux parties principales, le cône et la poulie (*fig.* 13).

Le cône reçoit la commande du manège au moyen de l'arbre de couche.

La poulie est garnie extérieurement d'une bande en caoutchouc et roule sur le cône. Cette poulie est reliée à la baratte qu'elle commande, au moyen d'un arbre sur lequel elle est mobile dans le sens longitudinal. Un volant fixé à une vis intérieure de l'arbre, sert à faire avancer la poulie vers le grand bout du cône de commande lorsque l'on veut augmenter la vitesse, et à la ramener au contraire vers le sommet lorsque l'on veut la diminuer.

Un levier, relié à deux coussinets excentriques dans lesquels tourne le cône, sert à établir le contact entre ce dernier et la poulie pour faire tourner la baratte, ou à éloigner de quelques millimètres le cône de la poulie lorsque l'on veut laisser tourner le manège, tout en maintenant la baratte immobile. Un poids fixé sur le levier donne la pression nécessaire pour appuyer le cône sur la poulie, afin qu'il l'entraîne par roulement.

Fig. 13.

Une disposition presque semblable peut s'obtenir au moyen de deux troncs de cône d'égal diamètre, ayant la même hauteur et placés en sens inverse, en remplacement des poulies généralement employées. Ces deux troncs de cône sont reliés par une courroie que l'on peut faire avancer ou reculer, au moyen d'un régulateur.

Baratte danoise. — La baratte danoise (*fig.* 14) a la forme de l'ancienne baratte à piston, mais au lieu d'être posée à terre, elle est maintenue par deux tourillons sur un châssis, de manière à être facilement renversée pour enlever le beurre et la nettoyer.

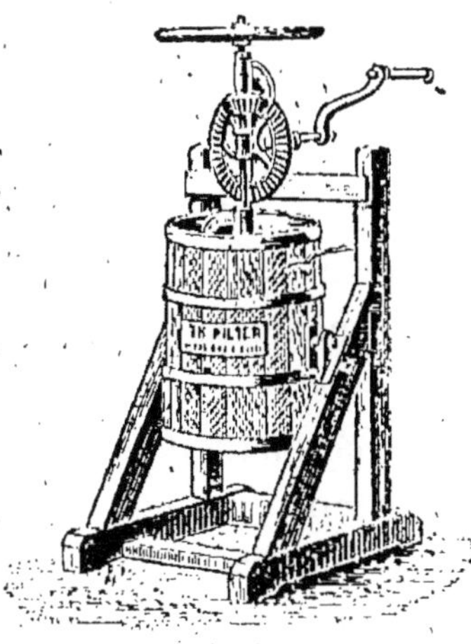

Fig. 14.

Le batteur, soumis à un mouvement de rotation, agissant sur un arbre de couche vertical, produit par la poulie de transmission mettant elle-même en mouvement l'engrenage, projette la crème contre les parois de la baratte et les batteurs fixes intérieurs, ainsi qu'il a été expliqué.

CHAPITRE III

MOYENS DE TRANSPORT DU LAIT — SYSTÈME SWARTZ — CRÈMEUSE COOLEY

Appareils pour transporter le lait. — Primitivement la laitière portait la cruche, contenant son lait, sur l'épaule ou sur la tête, puis est venu l'emploi du joug, placé sur les épaules, permettant de porter deux cruches, pour une petite distance. La quantité de lait augmentant, on a eu recours aux cages ou hottes quadrangulaires dont j'ai parlé plus haut et portées à dos d'âne. Puis les chemins qui conduisent aux prairies s'améliorant, est venu l'emploi des voitures qui elles-mêmes se sont perfectionnées. Maintenant au moyen de chariots ou porteurs, que la laitière peut aisément traîner, il est facile avec deux bidons de rapporter à la ferme plus de cent litres de lait.

Ces bidons sont en fer blanc munis d'un couvercle

permettant une obturation suffisante pour empêcher toute perte pendant le trajet (*fig.* 15).

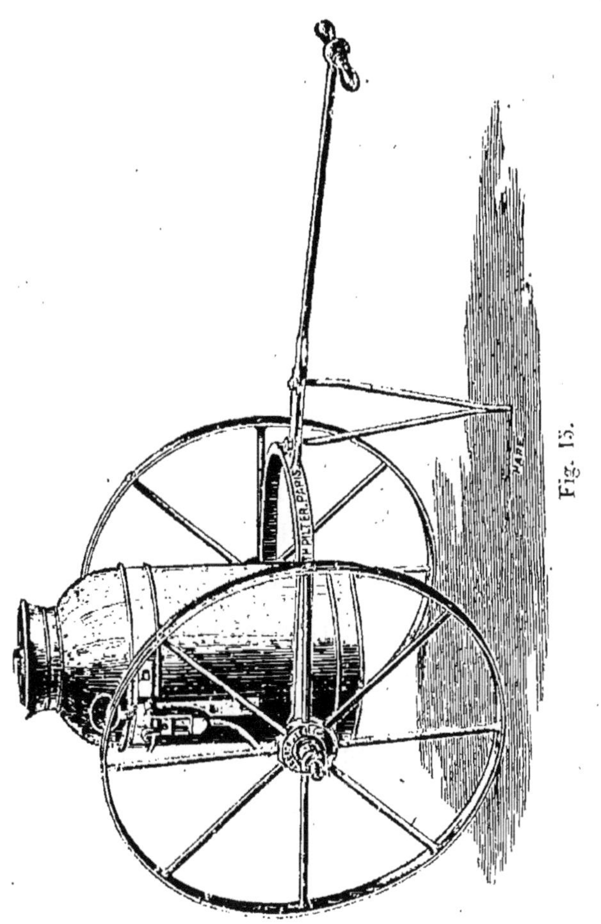

Fig. 15.

Refroidissement. — On a vu comment en Normandie s'opère la séparation de la crème et du lait, c'est-à-dire par le repos du liquide soumis à une température de 12°.

Pour obtenir cette température, j'ai dit quels sont les moyens employés : les ventilateurs, l'eau courante et les jets d'eau.

Les Danois avaient depuis longtemps, avant l'apparition des écrémeuses centrifuges, employé un système perfectionné, au point de vue du rendement en quantité, le système Swartz, basé sur le refroidissement du lait.

Les globules butyreux ou crème, maintenus en suspension dans le lait à une température ordinaire, ne subsistent à cet état que par suite de l'agitation qui les mélange au liquide et d'une densité presque identique des molécules composant le lait.

Or, en prenant la combinaison chimique du lait, on remarque que l'eau y entre pour les quatre cinquièmes environ, et, si l'on tient compte du degré de température auquel l'eau atteint son maximum de densité, 4°, le système danois est immédiatement expliqué.

En effet, les molécules butyreux sont pour ainsi dire insaisissables à l'œil, ou autrement, sont tellement petits que l'action de la température ne peut agir efficacement sur eux pour produire un changement de volume, et par suite une différence de densité. Il n'en est pas de même de l'eau qui compose la masse liquide du lait et qui tient en suspension les matières solides.

Il est donc tout naturel que, si à une certaine température, abstraction faite de tout autre cause, les principes butyreux du lait aient une même densité que l'eau qui les renferme, quand on viendra par un procédé quelconque à augmenter la densité de cette dernière pouvant, par sa conductibilité même recevoir rapidement une plus ou moins grande impression, les globules de crème arrivent à surnager en peu de temps et par ce fait, se laissent plus facilement et plus rapidement cueillir, cela d'autant mieux que la température du lait sera plus voisine de celle où l'eau acquiert son maximum de densité.

Utilisation de l'eau pour le refroidissement. — C'est sur ce fait que sont basés tous les systèmes que nécessitent l'emploi de la glace ou de l'eau. Dans certaines fermes de la Normandie, on utilise cette dernière en la faisant couler sur les tables en pierre munies d'un rebord, ainsi qu'on l'a vu dans le chapitre relatif à la construction d'une laiterie (Fabrication du beurre, chap. III), ou en la faisant retomber sous forme de jet d'eau. J'ai dit à ce moment quels inconvénients pouvaient résulter pour la production, puisque l'eau et le lait étaient soumis directement au contact de l'air libre.

Dans d'autres cas, surtout à l'étranger, on emploie ce système de réfrigération mais en le modifiant considérablement.

Crémeuse Cooley. — Dans un grand bac en bois ou en pierre (*fig.* 16), autant que possible construit d'une

Fig. 16.

manière bien étanche et avec des matériaux mauvais conducteurs de la chaleur, on dispose les crémières, en métal, hermétiquement closes, d'une capacité variable, calculée sur l'importance de la ferme. On les plonge dans le bac. L'eau et le lait, par suite de la disposition des crémières, ne peuvent jamais avoir de contact (*fig.* 17). Les bidons sont fermés par des chapeaux laissant une couche d'air de 2 centimètres sur le lait, qui en aucun cas ne subit l'altération causée par les milieux délétères dans lesquels il pourrait se trouver placé puisque le vase est complètement submergé.

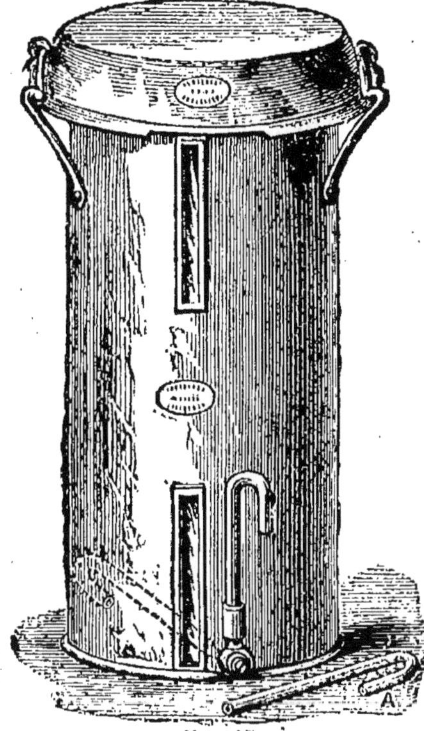

Fig. 17.

Telle est l'esquisse sommaire de l'écrémeuse Cooley.

Lorsque le fermier ne peut ainsi obtenir un abaissement suffisant de la température, il est nécessaire d'ajouter de la glace; mais dans bien des cas, on ne peut s'en procurer facilement, alors il faut renouveler l'eau plusieurs fois pendant la montée de la crème.

Les crémières en général affectent les formes les plus diverses. Les unes sont peu profondes, construites en fer blanc et munies d'un robinet à la partie inférieure pour permettre l'écoulement du lait et conserver seulement la crème dans le vase où il a été mis au repos.

D'autres, au contraire, sont étroites et profondes telles sont celles employées en Normandie.

CHAPITRE IV

APPAREILS CENTRIFUGES LEFELD—LAVAL NIELSEN ET PÉTERSEN

Ecrémeuse centrifuge de Lefeld. — Depuis quelques années, la force centrifuge a été appliquée à la séparation de la crème et du lait. Cette opération est basée sur la différence de densité qui existe entre la crème et les autres parties constitutives du lait. En vertu d'un principe bien connu les corps les plus denses, lorsqu'ils sont soumis à un mouvement de rotation, tendent à s'éloigner du centre, avec une intensité d'autant plus grande qu'ils sont plus lourds. C'est en appliquant ce principe que la première écrémeuse centrifuge (Lefeld), qui ait paru en France, avait été construite.

Cet appareil se compose d'un récipient en fer blanc monté sur un axe très-mobile, enveloppé dans un manchon en forte tôle, portant à sa partie supérieure une rigole avec une conduite de sortie. Ce manchon est recouvert par une sorte de tablette fixe, dans laquelle est seulement ménagée une petite ouverture pour le passage d'un tube, servant à introduire le lait dans le récipient en fer-blanc.

Lorsqu'on a complètement rempli le récipient on le met en mouvement, en imprimant à l'axe une vitesse de rotation très rapide.

Sous l'influence de la force centrifuge, on voit la surface du liquide se creuser peu à peu au centre, pour, à un moment donné, former une sorte d'anneau, ou mieux, une nappe circulaire tout autour du récipient. Le liquide se dédouble bientôt, on aperçoit alors nettement une couche de crème, et une couche de lait, toutes les deux disposées verticalement.

Lorsque cette séparation est bien accentuée, on introduit dans l'appareil du lait déjà écrémé. La couche augmentant sensiblement, la crème est d'abord chassée vers le milieu du récipient, le lait devenant en excédent pour la capacité, fait sortir la crème par le haut de l'appareil où elle se trouve recueillie à l'aide de la rigole supérieure, et amenée ainsi dans les vases qui doivent la recevoir.

Lorsque toute la crème est sortie, on arrête l'appareil.

Telle était autrefois la disposition générale de l'écrémeuse centrifuge Lefeld.

Bien que cette machine fût déjà un grand perfectionnement apporté à l'industrie laitière, les inconvénients étaient nombreux; il a donc fallu chercher à obtenir plusieurs modifications en rendant l'emploi plus commode et plus avantageux.

Le travail n'était pas continu : lorsque l'écrémage du lait soumis au traitement était terminé, il était indispensable d'arrêter la machine, de la vider pour la remplir à nouveau avant de la remettre en marche. Toutes ces opérations exigeaient un appareil de grande capacité pour pouvoir agir sur une quantité notable de lait et une grande dépense de force.

De nombreuses transformations ont permis de diminuer le volume de la machine, et par suite la consommation de force, en obtenant l'écoulement continu et simultané du lait écrémé et de la crème.

Ecrémeuse centrifuge Laval. — La machine de Laval construite plus tard, se compose d'une turbine supportée par un axe qui reçoit le mouvement par la partie inférieure et fait environ six mille tours par minute. (*fig.* 18).

Avant de la mettre en mouvement, on y introduit une certaine quantité de lait, lorsque la séparation de la crème et du lait est complète, on ouvre le robinet du réservoir supérieur. Le lait tombe à l'intérieur de la machine, et, par la force centrifuge énorme que développe la vitesse de rotation, se trouve rapidement dédoublé à son tour. L'introduction ayant lieu d'une manière continue, la crème, dont la densité est la plus légère se rassemble au milieu de l'appareil, et monte contre le conduit d'introduction du lait, jusqu'à la partie supérieure où elle rencontre un tube, par lequel elle tombe dans les vases qui doivent la recueillir. Le lait s'écoule par un conduit intérieur qui l'amène dans une calotte moyenne, d'où il retombe dans les bidons placés près de l'appareil (*fig.* 19).

Fig. 18.

Lorsque l'opération est terminée, pour nettoyer la machine et chasser le lait écrémé et la crème qui restent, on introduit de l'eau, de sorte qu'on obtient déjà un premier nettoyage.

Fig. 19.

Description de l'écrémeuse centrifuge Laval (*fig.* 19 *bis*). — L'écrémeuse centrifuge de Laval se compose des parties principales suivantes : une enveloppe métallique dans laquelle se meut une turbine

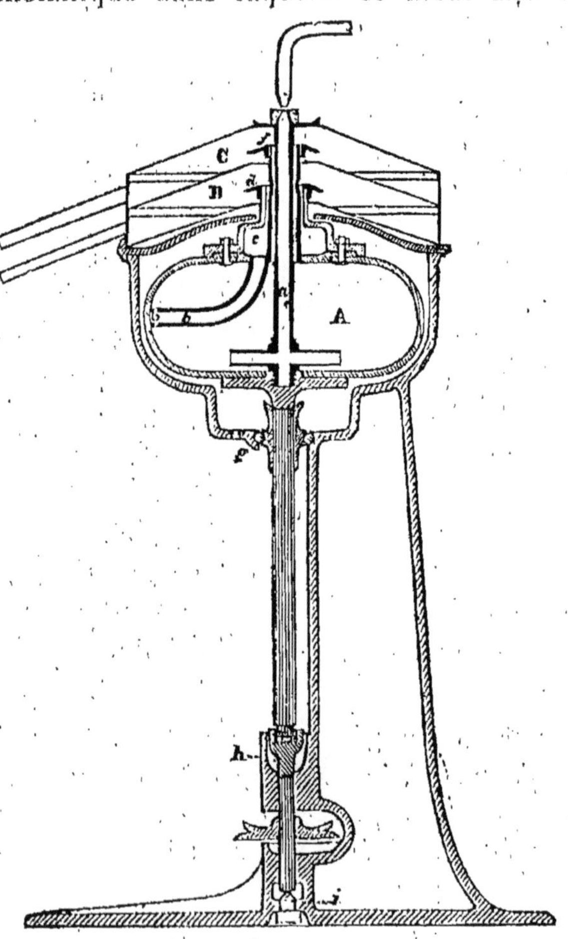

Fig. 19 *bis*.

métallique A reposant sur l'extrémité du tourillon d'une poulie à gorge *h* prenant elle-même son point d'appui en *i*. La partie supérieure de l'appareil est fermée par deux calottes superposées B et C qui reçoivent, lorsque la séparation est faite, l'une la crème et l'autre le lait avant de les laisser couler par leurs conduits de dégagement.

La force motrice est transmise à la poulie, au moyen d'une courroie ronde agissant sur la poulie *h i*; cette dernière entraine par friction la turbine.

Le lait coule du récipient supérieur dans le conduit et arrive ainsi dans la turbine. La force centrifuge lance contre les parois les parties les plus denses du lait, c'est-à-dire le caseum et le sérum pour rassembler au milieu les parties les plus légères, la crème.

Le lait à écrémer arrivant d'une manière continue en *a* remplit complètement la turbine puis la ferait déborder si le conduit *b* placé à l'intérieur ne faisait écouler le lait écrémé que la force centrifuge chasse contre la paroi. Ce liquide vient du tube dans une première chambre *c* d'où il ressort en *d* pour retomber dans la calotte B et de là couler dans les bidons destinés à le recevoir.

La crème au contraire s'assemble dans la partie centrale de l'appareil, monte contre le conduit d'approvisionnement *a* jusqu'à ce qu'elle sorte pour tomber dans la calotte C d'où elle est recueillie à la sortie.

Lorsque le travail est terminé on fait ensuite passer dans l'écrémeuse une certaine quantité d'eau qui achève

l'huile dans le coussinet; et, la crapaudine est alimentée par un graisseur latéral. La poulie qui reçoit le mouvement d'un intermédiaire par courroie torse, est fixée sur l'arbre par trois vis un peu au-dessus de la crapaudine.

Le bâtis de l'écrémeuse sert de socle à une enveloppe protectrice en tôle, sur laquelle on emboîte le couvercle. Sur ce couvercle sont fixés les tubes à crème et à lait maigre.

Le tambour mobile est divisé en deux parties par un disque annulaire, ce disque porte sur trois ailettes, sans toucher aux parois de la turbine; aussi, dans la rotation, le lait maigre qui cherche à gagner les parties les plus éloignées du centre, passe-t-il par cette fente annulaire, pour occuper la partie supérieure du tambour. La crème qui s'est rassemblée dans une couche plus intérieure, s'arrête contre ce disque sans pouvoir se mêler au lait.

On comprend alors que des tubes recourbés, garnis de becs en acier effilés et plongeant dans chacune de ces zônes, recueillent l'un la crème, et l'autre le lait maigre. L'écrémage peut se régler facilement pendant la marche, le tube à lait porte dans un écrou fixe qui permet de le faire glisser en avant ou en arrière.

Au point de vue de la construction, la machine est équilibrée par tâtonnement, et une disposition spéciale permet d'obvier à l'usure du coussinet. La crapaudine repose sur un plan incliné mobile et peut être ainsi abaissée, à mesure que la portée tronconique de l'arbre prend du jeu.

Il existe trois modèles d'écrémeuses Nielsen et Petersen travaillant l'une 600 litres de lait à l'heure, l'autre 300 litres, la troisième 90 litres, à des vitesses moyennes de 1,900, 2,700 et 3,500 tours à la minute, en absorbant 1,55 cheval vapeur, 0,80, la dernière pouvant être conduite par un poney. Pour compléter ces renseignements, voici le tableau du travail des machines, sur un lait qui n'a pas été transporté, écrémant pour ne laisser que 0,25 0|0 de matières grasses dans le lait.

Tableau du travail exprimé en 1|2 kilog. de lait passé par heure:

A	A	A	B	B	B
Vitesse	Température 25 à 30°	Température 10 à 12°	Vitesse	Température 25 à 30°	Température 10 à 12°
1600	750 1|2 k.	500 1|2 k.	2400	450 1|2 k.	300 1|2 k.
1650	800	535	2450	470	315
1700	850	570	2500	490	325
1750	900	600	2600	530	350
1800	950	630	2700	570	380
1850	1000	665	2800	600	400
1900	1050	700	2900	650	435
1950	1100	735	2950	680	450
2000	1175	800	3000	700	470
2050	1250	835	3100	750	500
2100	1300	865	3200	800	550

Les écrémeuses centrifuges ne donnent un rendement

supérieur, qu'autant que le travail est régulier. Une des causes principales est l'irrégularité dans l'alimentation de la machine; elle a généralement lieu sous une pression qui varie avec le niveau du lait dans les bassins d'alimentation.

Régulateur Fordj. — L'appareil régulateur Fordj (*fig.* 21) a pour but d'obvier à cet inconvénient :

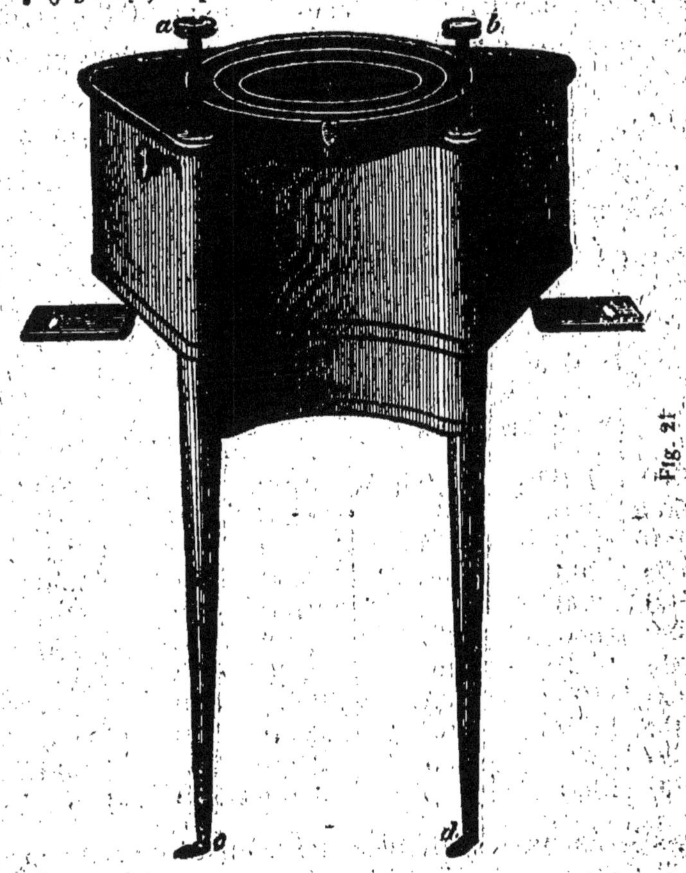

Fig. 21

l'écoulement du liquide se fait par deux tubes coniques *c* et *d* dans lesquels on peut enfoncer plus ou moins des tiges graduées *a* et *b* qui retarderont à volonté l'écoulement du lait.

Cet appareil contient plusieurs tamis concentriques.

CHAPITRE V

RÉFRIGÉRANTS — MALAXEURS — DÉLAITEUSE CENTRIFUGE DE PILTER — ANALYSEUR CENTRIFUGE FORDJ

Réfrigérants. — Les écrémeuses centrifuges demandent une température d'environ 23° pour opérer dans de bonnes conditions ; la crème obtenue a besoin d'être rafraîchie aussitôt qu'elle est séparée du lait. Pour arriver à ce résultat, on peut employer un appareil comprenant seulement la seconde partie de l'appareil destiné à chauffer le lait et à le refroidir, avant l'expédition au loin.

On verse la crème dans le bassin situé à la partie supérieure (*fig.* 22), puis on ouvre le robinet, la crème

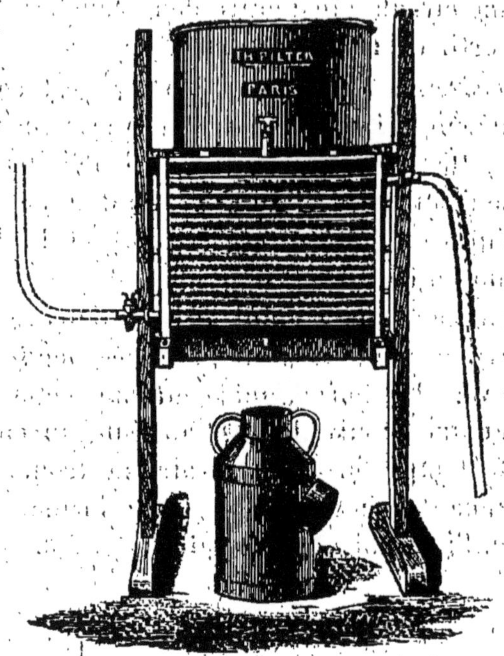

Fig. 22.

descend alors sur les plaques métalliques ondulées, derrière lesquelles se trouve le liquide réfrigérant, et vient ensuite tomber dans le bidon placé au-dessous.

Réfrigérant Howden. — On connaît sous le nom de refrigérant Howden, un appareil composé de cylindres concentriques formant vases communiquants réunis deux à deux. On fait tomber le lait par la partie centrale, la partie moyenne renferme de la glace de même que la partie extérieure.

La crème circule ainsi entre deux couches de glace, avant de sortir du réfrigérant.

Malaxeurs. — Lorsque le beurre est complètement formé en grains, quelque soit le système employé pour le barattage, deux manières de le délaiter se présentent. Le délaitage à l'eau, tel qu'il a été indiqué dans le chapitre 3 *(Fabric. du beurre)*, et le délaitage à sec au moyen du malaxeur.

Cet instrument bien connu consiste, dans ses parties essentielles, en une table ronde inclinée depuis le centre jusque vers les bords, mise en mouvement rotatif au moyen d'une manivelle agissant sur un engrenage et en même temps faisant mouvoir un tronc de cône cannelé prenant exactement dans sa forme, pour la génératrice, l'inclinaison de la table (*fig.* 23).

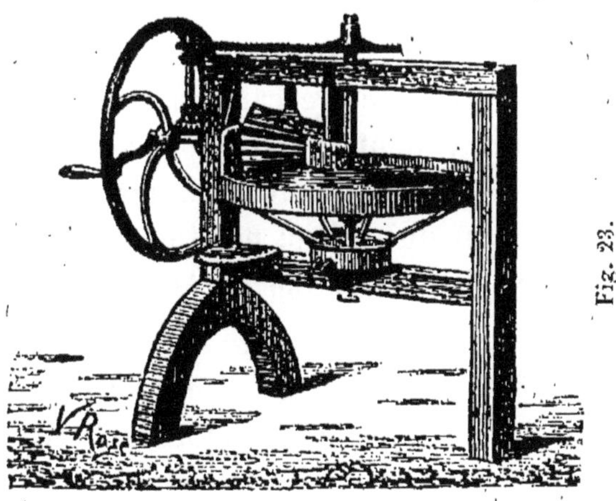

Fig. 23.

D'autres systèmes de malaxeurs existent encore, moins compliqués et exigeant moins de force puisqu'ils sont destinés à travailler des quantités moindres.

Sur une table fixe se trouve disposé un système d'engrenage (*fig.* 24) correspondant à un plateau mobile sur

Fig. 24.

lequel on place le beurre. Au-dessus de cette partie mobile se trouve un cylindre cannelé, fixe, dont les mouvements correspondent aux allées et venues de la table mobile. Le beurre subit donc la pression alternative du va et vient du plateau mobile, et est débarrassé du petit lait qu'il renferme après son extraction de la baratte.

Un autre système, consiste en une table inclinée, munie de rebords sur laquelle, à l'aide de la main on fait, par un mouvement d'avant et de recul, glisser un cylindre cannelé, jusqu'au moment où la pâte du beurre, suffisamment pressée, ne rend plus de lait ni d'eau, si l'on a préalablement employé le système du délaitage à l'eau (*fig.* 25).

Fig. 25.

Dans tous ces appareils, le beurre retiré de la baratte est mis sur la table, et à chaque tour complet, remis en tas au moyen de spatules ou battes (sauf dans le dernier appareil où un habile ouvrier peut aisément se servir du cylindre) jusqu'au moment où le petit lait est complètement exprimé. Ce système a le grand défaut de fatiguer le beurre par la longueur de l'opération et de le rendre graisseux.

Délaiteuse centrifuge. — M. Pilter a trouvé un moyen des plus ingénieux pour obtenir la séparation complète du lait de beurre et du beurre, en employant la force centrifuge.

L'appareil se compose d'une turbine montée sur pivot, faisant mille tours à la minute et dont les parois sont percées de petits trous. Cette turbine est renfermée dans une enveloppe métallique très résistante, qui forme en même temps récipient pour le lait de beurre. (*fig.* 26).

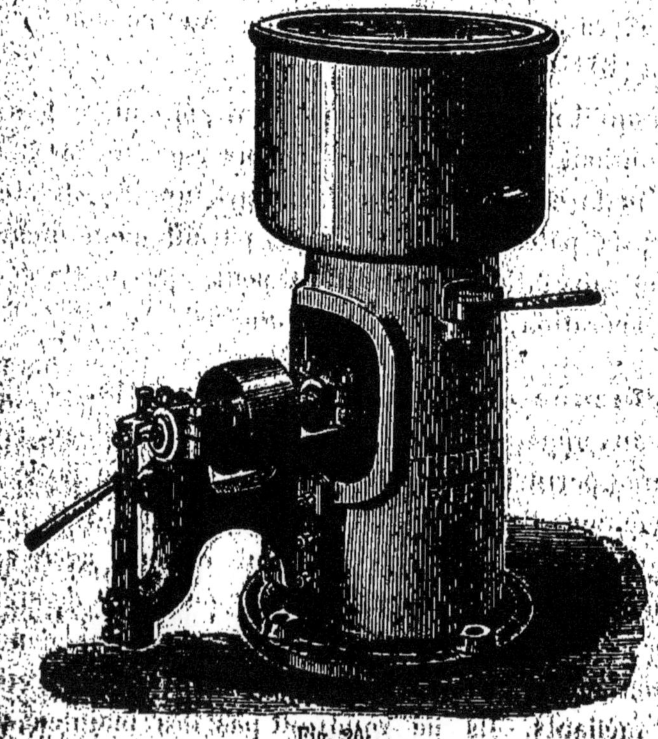

Fig. 26.

Le beurre pris dans la baratte est mis dans des sacs en toile, ayant exactement la forme de la turbine.

La force centrifuge tend à projeter au loin le contenu du sac. Le babeurre, pouvant seul traverser la toile, s'échappe à l'extérieur de la turbine pour tomber dans le récipient.

L'opération se trouve terminée en sept ou huit minutes pour un poids d'environ dix kilogrammes de beurre, avec l'appareil présenté au concours de Rouen (1884).

Lorsqu'il ne reste plus de petit lait, on enlève le sac qui contient le beurre, pour le renverser sur la table d'un malaxeur, auquel on fait faire quatre ou cinq tours; la pâte du beurre devient parfaitement homogène et sans fatigue; le produit peut, après cette dernière opération, être livré au commerce.

Influence des nouveaux appareils. — Ces nouveaux appareils, pour la fabrication du beurre, jettent une perturbation réelle dans l'industrie laitière. Comme nous l'avons dit, jusqu'au moment où il sera clairement démontré que l'on peut obtenir avec ces derniers perfectionnements, qui ont pour but de simplifier, en la rendant plus rapide, une aussi bonne production des grandes fermes, les cultivateurs resteront méfiants. Ils ne voudront pas dès maintenant, engager un capital considérable sans être assurés de mieux faire et surtout d'obtenir des prix aussi élevés sur les marchés où ils ont l'habitude de vendre.

Ces nouveaux appareils ont, il semble, un emploi utile et très profitable pour la petite culture.

En effet, pourquoi les petits fermiers, ne disposant pas d'un nombre suffisant de vaches à lait pour pouvoir produire dans de bonnes conditions, ne se réuniraient-ils pas en syndicats, dont les bénéfices seraient partagés proportionnellement à la qualité du lait qu'ils fourniraient. Avec un appareil, dit analyseur centrifuge, il serait possible de répartir les bénéfices suivant la qualité du lait.

Analyseur Fordj. — Cet appareil d'invention danoise, construit par M. Hignette, consiste en une sorte de chapeau en cuivre échancré, dont les rebords sont retournés de manière à faire crochet. On place ce chapeau sur la turbine de l'écrémeuse centrifuge de Petersen.

Des tubes, également en cuivre, munis de deux ailettes, sont placés dans les échancrures. A l'intérieur de ces tubes, on place des éprouvettes en verre contenant le lait. Le chapeau peut renfermer douze tubes numérotés à l'avance et par conséquent, permettre l'analyse simultanée de douze laits différents.

Les éprouvettes contiennent à la partie inférieure le

lait que l'on veut essayer; elles sont ensuite complètement remplies avec de l'eau à 45°. L'éprouvette doit contenir une quantité égale de lait et d'eau.

La partie supérieure a la forme d'un tube bien calibré dont les divisions, calculées proportionnellement à la capacité, donnent sur les graduations du tube la proportion de crème contenue dans le lait essayé.

Pendant l'opération, les fourreaux en cuivre se placent horizontalement; la force centrifuge, agissant sur la masse liquide, repousse au loin les parties les plus denses pour maintenir, au centre de son mouvement, la crème plus légère que le lait et l'eau contenues dans l'éprouvette. L'opération dure environ une heure pour être rigoureusement complète; mais après 40.000 tours, l'appareil marchant avec une vitesse de 1500 tours par minute, l'expérience est suffisante pour reconnaître avec une approximation assez grande, la valeur butyreuse du lait soumis à l'écrémage.

On voit donc que par ce moyen, il serait facile de répartir avec justice et équité les bénéfices d'une association.

CHAPITRE VI

UTILITÉ DES NOUVEAUX APPAREILS

L'emploi des écrémeuses centrifuges et de la délaiteuse Pilter, est appelé dans un temps donné à transformer complètement l'industrie laitière. Déjà dans un certain nombre de pays, les fermiers ont abandonné les anciennes méthodes et exploitent selon les règles de la science nouvelle.

Malheureusement, il faudra longtemps encore, avant de pouvoir utiliser partout ces appareils. Leur prix très élevé et l'énorme quantité de travail qu'ils fournissent en peu de temps, exigeant une dépense de force considérable, par cela même dispendieuse, les excluent presque des exploitations moyennes. Les frais d'installation seraient trop grands, et l'intérêt du capital engagé serait, dans bien des cas, plus élevé que l'économie réalisée.

Il faut donc, jusqu'au moment où on aura pu réunir par groupes ou syndicat les petits cultivateurs, laisser l'emploi de ces nouvelles méthodes aux grandes fermes, qui trouvent là une diminution importante dans leur matériel et dans le prix de la main d'œuvre.

Certains agriculteurs mettront longtemps avant de les employer, et peut-être même n'utiliseront jamais ces machines, ce sont les fermiers des exploitations produisant du beurre de premier choix, dont le prix atteint sur le marché de Paris les chiffres de 7 et 8 francs le kilogramme.

En effet, on a vu (fabrication du beurre, Chap. III) quelle influence considérable paraît avoir la fermentation lactique sur la qualité du beurre et j'ai donné les preuves de résultats inférieurs obtenus par l'emploi du froid, l'arrêtant pendant la montée de la crème.

Les écrémeuses centrifuges jusqu'à preuve contraire, doivent nécessairement produire le même résultat, puisqu'elles ont pour but principal de simplifier le matériel, en opérant instantanément la séparation de la crème et du lait, aussitôt que ce dernier est arrivé à la ferme. Il ne peut donc exister de fermentation lactique.

La crème, il est vrai, sort de l'appareil à une température de 23° et au moyen de réfrigérents est ramenée à 12°. Lorsqu'elle est laissée au repos jusqu'au lendemain, il peut se produire une légère fermentation, mais qui ne présente certainement pas la même supériorité que la fermentation lactique proprement dite.

Généralement, on abaisse artificiellement la température de la crème pour procéder au barattage, dès que l'écrémage est terminé. Il n'y a donc pas dans ce cas, possibilité pour la fermentation de se produire. Le beurre doit avoir un arôme moins développé et par suite ne pas atteindre sur le marché les prix les plus élevés. Les grandes exploitations, qui ne produisent pas ordinairement les beurres extra-fins, ont donc seules avantage à être munies de ces machines.

Dans beaucoup d'arrondissements, même en Normandie, il y aurait utilité à grouper les petits cultivateurs pour l'exploitation en grand des produits de la laiterie

Pour arriver à ce résultat, il faudrait obtenir la création de syndicats, ou l'achat du lait frais par de grands industriels, qui se chargeraient de sa transformation en beurre. On arriverait ainsi à supprimer les beurres de mauvaise qualité, en n'obligeant pas un grand nombre de très petits propriétaires ou fermiers, possédant seulement deux ou trois vaches, à ne baratter qu'une fois par semaine.

Les chefs de ces petites exploitations agricoles, s'occupent souvent à d'autres travaux, chez des fermiers disposant d'exploitations plus considérables. La femme seule reste au logis et doit satisfaire à tous les soins du ménage, de là vient nécessairement une production de qualité inférieure. Il serait donc préférable que le lait fût travaillé en masse dans une même laiterie.

Deux objections peuvent être soulevées contre ce système.

La première est que, en agissant ainsi on supprimerait l'élevage, puisque le lait écrémé serait perdu pour le fermier et que par suite, il ne pourrait conserver le veau produit par une bonne vache, ou engraisser chaque année quelques jeunes porcs, que souvent la famille de ce petit agriculteur consomme elle-même ou partage avec ses voisins.

Les appareils de contrôle que l'on possède actuellement, font disparaître cette objection.

En effet, supposons un syndicat fonctionnant dans un centre d'approvisionnement même restreint, la valeur butyreuse du lait pourra toujours, à l'aide de l'analyseur centrifuge de Fordj, être contrôlée au moment où il est apporté. La quantité du lait sera aussi connue et déterminée. Il serait donc possible pour chaque membre du syndicat, au moment où il apporte son lait frais, de prendre la part qui lui revient, du lait écrémé, part calculée sur la quantité apportée à la traite précédente ; par ce moyen l'élevage ne serait pas supprimé.

La seconde observation est relative à la répartition du produit, tous les laits ne fournissant pas une égale quantité de crème ; cette répartition aurait lieu proportionnellement à la richesse du lait en crème, richesse constatée au moyen de l'analyseur Fordj et mentionnée sur un registre, pour chaque arrivage.

De cette manière, les laits additionnés d'eau ou préalablement écrémés seraient payés selon leur valeur ; si la fraude était trop considérable, chose facile à constater immédiatement, le lait pourrait être refusé et le producteur mis à l'amende pour le cas où ce fait serait prévu dans les statuts de l'association.

Un industriel achetant le lait frais, pourrait rendre le lait écrémé et payer seulement la crème à chacun de ses fournisseurs. L'analyseur centrifuge rendrait dans ce cas le même service que pour l'association, puisqu'avec l'échantillon prélevé sur la traite on pourrait immédiatement calculer ce qu'elle contient de crème.

Dès créations de ce genre rendraient les plus grands services dans certains pays, où on baratte la crème seulement une fois par semaine, et où tous les ustensiles de laiterie sont dans une pièce qui, en même temps, sert de chambre à coucher et de cuisine, ainsi que cela se rencontre dans beaucoup de petites exploitations.

On verrait ainsi disparaître des marchés les beurres de mauvaise qualité, qui n'ayant de ce produit que le nom, viennent les encombrer sans profit réel pour le consommateur.

—×—

FROMAGES

FABRICATION DU CAMEMBERT

CHAPITRE I

ORIGINE — RÉGIONS DE PRODUCTION — PRIX DE REVIENT

Point de départ. — La fabrication du fromage de Camembert, commencée dans le département de l'Orne il y a un siècle environ, s'est rapidement étendue dans une grande partie de la Vallée d'Auge et maintenant, le département du Calvados compte un grand nombre d'exploitations dont les fermiers se livrent exclusivement à cette production.

Le sol sur lequel ce fromage est fabriqué présente partout une grande analogie. Il serait trop long d'entrer dans tous les détails géologiques, pour chacune des communes où se trouvent situées les fermes qui le produisent. Je dirai seulement que, en général, la fabrication des fromages gras et en particulier la fabrication du bon Camembert, existe principalement dans les riches pâturages dont la nature même du sol, comme dans la Vallée d'Auge, semble exclure la fabrication du beurre de qualité supérieure.

Depuis quelques années, cette industrie s'est étendue au loin; actuellement, les fromages « façon Camembert » viennent même du centre de la France; certaines laiteries des environs de Londres en produisent également. Les arrondissements de Bayeux et de Saint-Lo comptent aussi des fabricants renommés, qui ont déjà obtenu un grand nombre de récompenses dans les concours régionaux ou généraux et qui atteignent des prix fort élevés pour la vente de leurs produits. De même que le sol semble partout avoir la même valeur productive et donner des pâturages excellents, les conditions climatériques sont sensiblement les mêmes, le rayon de production restant jusqu'alors relativement restreint.

Race employée pour la production du lait. — En Normandie, la race bovine, généralement employée à la production du lait dans les pays de fabrication du Camembert, est la race normande. Quelque fois on rencontre dans certaines fermes, mais en très petit nombre, des croisements de race flamande ou hollandaise, et rarement des types étrangers complètement purs.

La vache normande étant considérée comme celle qui, tout en jouissant d'une sécrétion des plus abondantes, donne un produit très riche en butyrum et en caséum, ces deux principes essentiels du lait se trouvant réunis dans le Camembert, il est avantageux, pour le fermier, d'employer la race qui réunit, au degré le plus parfait, les qualités requises pour la fabrication d'un fromage gras.

Etude du rendement. — Avant d'entreprendre la fabrication du fromage, il faut voir si les bénéfices que l'on peut retirer de cette industrie sont suffisamment rémunérateurs. Aussi, c'est l'étude que nous nous proposons de faire en ce moment.

Il faut environ deux litres de lait pour obtenir un fromage de Camembert. Le lait revient d'après les calculs à 0 fr. 15 centimes le litre. C'est donc une première dépense de 0 fr. 30 centimes par fromage, mais il faut déduire de ce prix, le serum, ou petit lait, et la crème qu'il contient en quantité très faible, il est vrai, mais que l'on pourrait encore utiliser pour la fabrication d'un beurre de qualité inférieure. Ce produit peut être compté à environ 0 fr. 02 centimes par fromage et laisser ainsi le prix de revient à 0 fr. 28 centimes.

Par conséquent, la moyenne de production étant comptée à une moyenne de 2.500 litres par tête de vache, chaque animal devra donner 1250 fromages qui, au prix de 28 centimes, représente une dépense première en lait de 350 fr.

Chaque fromage, pendant l'année, est vendu au commerçant en gros environ 0,50 cent., ce qui, par tête d'animal, donne un produit moyen de 625 fr. ou un bénéfice pour la seule transformation du lait de 275 fr.

La valeur en sérum et en crème non-utilisée pour 1.250 fromages étant de 0,02 cent., on a 25 fr. qu'il faut ajouter au prix de vente, ce qui donne un produit net par tête, défalcation faite du prix de revient du lait, de 287 fr. 50. De ce bénéfice, il faut déduire les frais de fabrication, les pertes accidentelles, les frais d'emballage et d'expédition.

Les chiffres qui précèdent, calculés sur des moyennes, ne doivent être pris qu'à titre de renseignement et ne pas être considérés comme irréfutables.

CHAPITRE II

CONSTRUCTION D'UNE LAITERIE — DESCRIPTION DES LOCAUX — USTENSILES ET INSTRUMENTS

Disposition générale. — Trois appartements au moins sont nécessaires pour la bonne fabrication du Camembert : 1° La laiterie, proprement dite, où on reçoit le lait pour la mise en présure, contient les appareils pour la mise en moule et l'égouttage; 2° le séchoir ou haloir; 3° la cave d'affinage. Dans certaines grandes exploitations, on ménage une quatrième pièce, intermédiaire entre le haloir et la cave; cette seconde cave s'appelle demi-haloir. En plus de ces appartements dont l'emploi est bien déterminé, il est nécessaire d'avoir une laverie, contenant un fourneau muni d'une chaudière en cuivre, pour donner la quantité d'eau chaude nécessaire au nettoyage de tous les instruments employés pendant la première partie de la fabrication, tels que cruches, moules, nattes, etc.

Disposition de la laiterie. — Lorsque la traite arrive le matin, elle est apportée dans la première pièce, où se trouvent disposés les vases nécessaires pour la mise en présure. Dans ce même local se trouvent des tables, sur lesquelles sont rangés le moules et les nattes de jonc, que l'on place sous les fromages pour faciliter l'égouttage.

Au-dessus de ces tables existent des consoles, sur lesquelles on range les fromages, pour amener un commencement de dessication, aussitôt après le démoulage, avant de les porter au haloir.

Disposition du séchoir. — Le séchoir ou haloir est une pièce, parfaitement sèche et bien aérée, toujours située à une élévation suffisante pour empêcher toute trace d'humidité, et favoriser ainsi un séchage complet des produits qu'il doit renfermer pendant un mois environ et souvent plus en hiver.

Les fromages, mis au séchoir, sont installés sur des claies mobiles, disposées en tiroirs sur des montants, afin de favoriser les soins qui leur sont nécessaires et qui consistent à les retourner d'abord deux fois par jour pendant un certain temps, puis une fois seulement.

Autant que possible dans le haloir, les ouvertures, destinées à déterminer les courants d'air, doivent être placées à des hauteurs inégales pour pouvoir en favoriser la direction et les amener aux points où ils sont nécessaires. Les fenêtres sont munies de grillages métalliques, assez serrés de mailles, pour empêcher à tous les insectes de pouvoir pénétrer: par ce moyen, on évite, pendant un temps donné plus ou moins long, l'apparition des vers sur les fromages.

Disposition de la cave et du demi-haloir. — La cave, au contraire, doit être hermétiquement close et dans le cas où elle serait pourvue d'ouvertures autres que la porte, elles doivent être fermées par des volets que l'on n'ouvre jamais.

Le demi-haloir peut et doit même avoir quelques ouvertures capables de déterminer des courants d'air, afin d'obtenir une température plus basse que celle de la cave, mais il est absolument nécessaire que l'état hygrométrique soit très sec pour retarder la maturation trop précoce qui amènerait le coulage.

Ustensiles de laiterie. — Le lait est apporté à la laiterie dans des bidons en fer blanc, ou dans des cruches en cuivre étamé à l'intérieur. Aussitôt arrivé, il est mis dans des vases en grès de formes et de capacités différentes, suivant les exploitations. Dans d'autres fermes, on le met dans des baquets en bois plus hauts que larges; cette manière d'agir me paraît moins bonne; le bois s'imprégnant trop facilement, rend les soins de propreté plus difficiles et expose, par suite, à des mécomptes. On pose sur ces récipients, quels qu'ils soient, un tamis, soit en crin, soit en métal, dans lequel on renverse lentement le contenu des bidons, de manière à enlever toutes les impuretés que pourrait contenir le lait.

Lorsque le caillé est formé, la laitière prend une cuillère de forme hémisphérique d'un diamètre d'environ huit centimètres, munie d'un manche assez long, pour pouvoir atteindre facilement au fond du vase et, à l'aide de cet instrument, elle remplit les moules.

Ces derniers ont la forme d'un cylindre ouvert aux extrémités et percés de petits trous, pour permettre au sérum ou petit lait, de pouvoir s'écouler rapidement. Ces cylindres, de douze centimères de diamètre, ont une hauteur égale et reposent sur des nattes de jonc pouvant contenir trente-cinq moules, disposés sur des tables en pierre, en bois ou en marbre.

Les tables en pierre sont formées de larges dalles bien jointes ensemble, ou de briques recouvertes d'une couche de ciment.

Les tables en marbre se rencontrent rarement, sinon dans des laiteries luxueuses, pour lesquelles le propriétaire a voulu faire des dépenses considérables, mais les services que rendent ces tables ne correspondent pas à leur prix ; au lieu de favoriser les soins de propreté elles les entravent. L'acidité du lait attaque, creuse le marbre, et par suite crée une série de petites rugosités qui vont en s'accentuant, et qui finissent par contenir les ferments dont il faut, à tout prix, se débarrasser dans tous les travaux de laiterie.

Nous trouvons encore, comme accessoires employés dans la fromagerie, un bol destiné à recevoir la présure que l'on mélange avec de l'eau, avant de la renverser dans les vases contenant le lait. On peut aussi ajouter, la mesure dont se sert la laitière pour calculer la quantité de présure nécessaire à cailler le lait contenu dans chacun des vases.

Pour transporter les fromages secs d'une pièce dans une autre, on se sert, dans certaines fermes, d'une boîte rectangulaire et dans d'autres, de clayettes. Ces petites claies sont en osier, munies d'une poignée sur l'un des côtés et peuvent porter six fromages. Nous trouvons, pour compléter les ustensiles nécessaires, un plat ou boîte à sel, des spatules et autres menus outils dont on peut avoir besoin pour le retournage et le râclage des fromages.

CHAPITRE III

FABRICATION — MISE EN MOULE

De la présure. — Pour cailler le lait, il faut, si on ne veut pas attendre que la crème soit montée et que la formation de l'acide lactique vienne agir, employer un moyen artificiel. On se sert pour cette opération de présure, soit solide, soit liquide.

La présure se retire des estomacs de jeunes veaux, que l'on fait macérer pour en recueillir la pepsine, substance que l'on rencontre chez tous les animaux et dont la fonction est de dissoudre les aliments pour les rendre assimilables.

La présure est généralement employée sous la forme liquide; à cet état, elle se mélange mieux avec la masse du lait, et par suite, elle agit d'une manière plus régulière que celle employée à l'état solide. Les présures les plus connues sont les deux suivantes : la présure danoise de Hausen, vendue par M. Boll, et la présure Fabre, fabriquée à Aubervilliers et livrée directement au commerce par le fabricant lui-même.

Température de la mise en présure, chauffage du lait. — La température la plus généralement employée pour la mise en présure, est d'environ 23° ; c'est à peu près celle du lait au moment de la traite. La mise en présure a ordinairement lieu le matin, aussitôt après l'arrivée de la traite. Pour procéder à cette opération, on fait préalablement chauffer le lait, recueilli la veille, en ayant soin de laisser la couche légère de crème montée pendant la nuit. Certains fabricants enlèvent cette *fleurette*, mais la qualité de leur produit diminue d'autant ; pour une légère rétribution qu'ils obtiennent en fabriquant du beurre ils perdent, sur le prix de vente de leurs fromages, une somme au moins égale, sinon supérieure, à celle qu'ils retirent de leur beurre.

Lorsque le lait est ramené dans les vases qui le contiennent à la température convenable pour la mise en présure, on répartit également la traite du matin et on verse la présure. Cette opération demande des soins spéciaux et attentifs ; la quantité de présure ne pouvant être déterminée d'une manière absolue, trop de causes agissent pour qu'il soit possible de bien les définir exactement. La moyenne est d'environ une cuillerée à bouche pour cinquante litres, mais cette dose ne doit pas être considérée comme une quantité absolument déterminée, dont il ne soit possible de s'écarter. En effet, la qualité du lait, la force de la présure, la température, doivent être prises en considération; l'expérience seule d'une fromagère intelligente peut servir de base. Si la température du lait vient à baisser, il faudra naturellement plus de présure, et au contraire, le lait ayant un degré de température supérieur à 25°, en demandera une quantité moindre pour se cailler.

Il faut éviter de faire cailler trop brusquement le lait, afin de pouvoir bien utiliser le tout, sans avoir un déchet qui se produirait inévitablement si, par suite d'un travail trop rapide, une partie du caillé, se formant trop vite, empêchait la coagulation complète de la masse totale contenue dans le vase.

Afin de bien répartir d'une manière homogène la présure dans la totalité du lait, il est bon d'ajouter une certaine quantité d'eau à la dose nécessaire pour coaguler le lait que l'on veut employer. Pour obtenir une opération bien régulière, on met environ un demi-litre d'eau dans un vase et on renverse dans cette eau la quantité de présure dont on a besoin. Lorsque le mélange est bien établi, on verse le contenu du vase dans le récipient qui contient le lait, en ayant soin d'agir lentement et de remuer en même temps avec un instrument quelconque, soit un agitateur en bois spécialement destiné à cela, ou à l'aide d'une longue cuillère en métal, puis on laisse au repos, jusqu'au moment où la coagulation est complète, ce dont on juge en posant un doigt sur la surface du caillé. Si l'opération est complètement terminée, le sérum glisse sur la peau sans laisser de tache blanche en mettant la main en bas, autrement, le lait adhère au doigt en le tachant. Il faut alors attendre encore avant de procéder à la mise en moule.

Remplissage des moules. — Lorsque le caillé est arrivé à point, la laitière prend une cuillère en métal et remplit les moules en opérant ainsi qu'on le verra plus loin.

L'expulsion du petit lait se fait lentement; aussi, pour remédier à cet inconvénient, est-il nécessaire de procéder au remplissage en plusieurs fois, pour que le caillé ait le temps de s'affaisser graduellement. Un bon remplissage du moule doit durer environ deux heures, en suivant l'ordre dans lequel ils sont placés, c'est-à-dire qu'il faut mettre plusieurs couches successives de caillé, à un intervalle assez long.

Une mauvaise manière d'opérer, que j'ai quelquefois vue employer, consiste à mettre un nombre déterminé de cuillerées de caillé, pour obtenir le poids d'un fromage, et lorsque ce compte est atteint, laisser le caillé au repos. Dans ce cas, le poids ne peut jamais être le même puisque souvent, dans la quantité mise au moule, il se trouve un excédant de sérum qui s'écoule et permet à la pâte de s'affaisser dans une proportion plus grande, en diminuant d'autant, le poids réel du fromage.

Pour travailler dans de bonnes conditions et obtenir un poids régulier, il faut remplir le moule en trois séries consécutives, suffisamment distantes les unes des autres, pour que la plus grande quantité du petit lait ait le temps de s'écouler. En agissant de la sorte, on a une régularité presque parfaite; tous les inconvénients de différence d'épaisseur et de poids, qui pourraient se produire à l'affinage, disparaissent dans les fromages.

Un fromage frais, mis au moule dans ces conditions doit au moment du dernier remplissage, avant de le laisser complètement au repos, peser environ huit cents grammes.

CHAPITRE IV

SALAGE, — SÉCHAGE, — OPÉRATIONS ACCESSOIRES, — ASPECT D'UN BON FROMAGE, — ETUDE COMPARATIVE SUR LES BÉNÉFICES.

Retournage des moules. — Lorsque les moules sont remplis, on le laisse au repos pendant vingt-quatre heures, le sérum peut alors s'écouler en laissant au fromage le temps de s'affermir; après ce délai, la laitière procède au retournage et voici comment elle opère.

Elle soulève d'une main, soit de la main droite ou gauche, suivant le sens dans lequel elle marche le long de la table qui supporte les moules, et fait glisser l'autre main au-dessous du fromage; elle retourne ensuite le moule et le pose à côté de la place qu'il occupait avant sur la table.

Si par hasard, une partie du caillé était restée adhérente à la natte de joncs, la laitière l'enlève avec un couteau, ou mieux avec une spatule en bois très légère et très mince, pour la replacer exactement à la place qu'elle occupait.

Salage. — Lorsque tous les moules ont été retournés, on procède au salage. A cet effet, la laitière se munit d'un vase contenant du sel parfaitement sec et réduit en grains très fins. Elle saupoudre légèrement tous les fromages qu'elle vient de retourner, puis elle les laisse au repos jusqu'au lendemain matin.

Le démoulage des fromages a lieu après quarante-huit heures de fabrication. Pour procéder à cette opération, la laitière enlève les moules qui enveloppent le fromage, en les prenant vers la partie supérieure, et en ayant soin d'agir avec précaution pour ne pas casser la pâte, ni même la déplacer. Lorsque ce travail est terminé, on procède au salage de la seconde face et du tour.

A cet effet, la fromagère prend les fromages de la main gauche et les retourne, la partie inférieure en-dessus, de sorte que le premier côté soumis au salage, la veille, se trouve en-dessous. Elle sale d'abord la surface, puis elle imprime ensuite au fromage un mouvement de rotation, en le maintenant dans le sens vertical, de manière que la tranche se trouve toujours en contact avec la main droite remplie de sel. Les fromages ainsi traités, sont déposés sur des clayettes en osier ou dans des boites en bois, jusqu'au moment où ils sont rangés sur les planches de la fromagerie, où on les abandonne à un séchage d'environ quarante-huit heures, avant de les reprendre pour les porter au haloir.

Mise au haloir. — Dans le haloir les fromages sont, ainsi que nous l'avons vu plus haut, rangés sur des claies à tiroir. On les retourne d'abord deux fois par jour, puis une fois seulement. Ils restent au haloir environ un mois. Là se forment les champignons qui recouvrent la surface et commence la maturation.

Mise en cave. — Lorsque les fromages sont arrivés à un degré suffisant que l'on reconnaît au toucher, on les transporte à la cave d'affinage où ils restent jusqu'au moment de leur expédition.

Il arrive quelquefois que la maturation se produit trop vite à la cave. L'extérieur du fromage devient mou ; si on le laissait dans cet état, il coulerait très vite et pourrait être considéré presque comme perdu. L'expédition en serait très difficile, et la mauvaise qualité ne permettrait pas d'atteindre un prix rémunérateur. Dans ce cas, il faut retirer les fromages de la cave pour les mettre au demi-haloir. Lorsqu'il n'en existe pas dans la fromagerie on les met au haloir, en ayant soin de les soumettre à un système de ventilation énergique, jusqu'au moment où il sera possible de les remettre à la cave, où il est nécessaire de les retourner plusieurs fois pendant le temps qu'ils y resteront.

Maladies et accidents du fromage. — Quelquefois, on voit apparaître de petits vers à la surface du produit; il faut avoir soin de les enlever aussitôt que leur présence est constatée. On se sert alors d'un couteau avec lequel on gratte, jusqu'à la pâte même du fromage, la partie attaquée, après quoi on lave la blessure avec de l'eau salée et on laisse au repos. La croûte extérieure se reforme vite, et l'opération faite en temps ne laisse pas de traces.

S'il arrive par hasard que sur les claies quelques fromages viennent à se déformer et que les bords ne présentent pas des arêtes d'une netteté suffisante, on les taille légèrement, puis on lave avec de l'eau salée la partie laissée à nu par ce travail.

Lorsque le fromage est mis au haloir, il faut avoir soin de maintenir une température suffisamment fraîche pour ne pas déterminer une fermentation hâtive, dont les inconvénients se feraient sentir à bref délai, en amenant une maturation apparente qui n'agirait que sur la surface du produit et laisserait au milieu un noyau sec dont la réduction, en fromage affiné, ne pourrait avoir lieu, parce que les bords du fromage couleraient avant qu'il ne fût réellement bon à livrer au commerce.

Il est, par conséquent, indispensable de maintenir le séchoir ou haloir à une température relativement basse, soit environ 12°, comme pour tous les bons produits de la laiterie, mais ce qu'il faut surtout obtenir, ainsi que nous l'avons vu plus haut, ce sont, par la disposition des ouvertures, des courants d'air pouvant agir directement sur les différentes séries de fromages en cours de fabrication.

Si, par suite de la non-observation de ces règles, des fromages viennent à *suer* ou, pour être plus exact, à commencer un affinage trop rapide, il est nécessaire de les retarder en les déplaçant, pour les remettre plus près d'un courant d'air, dont les qualités siccatives peuvent réagir contre les inconvénients signalés.

Le même traitement doit encore exister, lorsque les fromages, rentrés dans la cave, avancent trop vite. Il y a toujours, dans ce cas, avantage à les reporter au haloir afin d'arrêter une fermentation trop rapide. Pour cette cause, dans les fermes de grande production, se trouve une seconde cave dite demi-haloir, où on place les fromages, lorsqu'ils se trouvent dans les conditions dont je viens de parler.

Aspect d'un bon fromage. — Un fromage bien

fait et arrivé à point pour être consommé doit, en sortant de chez l'entrepositaire chargé de le livrer au commerce, présenter les signes suivants : régularité parfaite dans la forme, avoir environ trois centimètres d'épaisseur, une couleur jaunâtre émaillée de taches grises et blanches, en petite quantité, sensible au toucher et présenter une résistance égale, quelle que soit la pression exercée par les doigts, c'est-à-dire, ne pas, après avoir cédé, offrir un noyau résistant, signe d'une maturation prématurée, ou d'un écrémage nuisant à un affinage normal. Lorsqu'on vient à le couper; la tranche doit être nette, présenter une pelure légère, une pâte parfaitement homogène, sans soufflures, indiquant l'irrégularité de la mise en moule du caillé. Après deux heures au moins, il doit commencer à *couler*, chose qui se produit beaucoup plus vite pour les fromages d'une maturation hâtée, ou fabriqués avec une partie de lait écrémé et qui, en coulant, laissent une proportion plus ou moins grande de la pâte à l'état granuleux et sec, parce que la partie grasse de la matière première a tendance à se porter sur les bords. C'est pour cette raison qu'au moment de la mise en moule, il faut avoir soin d'enlever sur les terrines où le caillage a eu lieu, la légère couche de crème que la présure n'a pu coaguler et qui serait une cause de coulage pour les fromages pendant leur séjour à la cave ou au moment de l'expédition, jusqu'à leur présentation sur la table du consommateur, où ils doivent arriver pesant environ 230 grammes.

Comparaison des prix des produits de la laiterie. — Le prix du lait en nature, vendu pour l'approvisionnement de villes, atteint pour la vente en gros, les chiffres de trente-cinq et même quarante centimes le double litre.

Le fermier peut donc, en adoptant la moyenne de production sur laquelle nous nous basons, 2,500 litres par animal, compter sur un revenu minimum annuel de 437 fr. 50 centimes, mais par la nature même de l'exploitation, la moyenne peut être dépassée, et le produit annuel atteindre près de trois mille litres, lorsque le fermier soumet ses vaches à un régime d'alimentation, spécialement destiné à leur faire rendre beaucoup de lait.

Cette même quantité de 2,500 litres de lait, utilisée pour la fabrication du beurre, produirait environ 90 kilogr. qui, à une valeur moyenne de 4 fr. 50 c. pour l'année entière, donnerait un revenu de 405 francs. Mais la quantité de caséum, qui n'a point été utilisée, fournirait un chiffre considérable, si on l'appliquait à la fabrication du fromage maigre, au lieu de la destiner à la nourriture des veaux et des porcs dont les prix, tellement variables, ne permettent pas d'établir une valeur même très approximative, pour les principes du lait non-utilisés dans la production du beurre.

En prenant les valeurs respectives, établies précédemment, pour les trois modes d'utilisation du lait, on peut établir le tableau suivant :

Vente du lait en nature	437 fr.	50
Fabrication du beurre	405	»» plus le lait caillé
Fabrication du Camembert	625	»» plus le sérum

Dans le premier cas, l'élevage, l'engraissement des veaux et des porcs devient absolument impossible et même, si on compte le lait au prix de 25 centimes le litre, ce qui donnerait un produit annuel de cinq cents francs, le bénéfice attendrait à peine les résultats obtenus par les deux autres productions. Les risques sont moins grands et la main-d'œuvre presque nulle pour le producteur lui-même ; ce sont les seuls avantages que procure cette exploitation de la laiterie.

La fabrication du beurre exige de grands soins, un travail long et attentif, quelle que soit la méthode employée, mais avec des précautions intelligentes, il n'y a pas de déchet et les prix de vente pour la Normandie peuvent aisément atteindre 4 fr. 50 pris d'ailleurs comme base.

La fabrication du fromage de camembert exige aussi de grands soins, et à chaque moment du jour, depuis l'instant de la mise en présure, jusqu'à l'époque où le produit est bon à être envoyé au marché, ce qui demande environ deux mois. Pendant ce temps un grand nombre d'accidents peuvent se produire et occasionner des pertes sensibles qu'il faut retrancher du produit indiqué et qui, mis en regard des deux autres, pourrait laisser croire qu'il y a un avantage énorme à se livrer à cette production, chaque fois qu'il serait possible de le faire.

CHAPITRE V

FROMAGES DIVERS DE NORMANDIE — NEUFCHATEL — FROMAGES A LA CRÈME — FROMAGES DOUBLE CRÈME — BONDONS, ETC. — FROMAGES DE PORT DU SALUT — FROMAGE DE PONT-L'EVÊQUE — FROMAGE DE LIVAROT.

Après avoir pris comme type des fromages gras non cuits et non pressés, le Camembert, les similaires sont les suivants: fromages à la crème, fromages double crème dits suisses, bondons.

Fromages de Neufchâtel. — Les fromages de Neufchâtel sont de deux sortes: les fromages faits avec du lait non écrémé et les fromages maigres.

Pour obtenir la première variété, voici comment on opère: la fromagerie, comme dans la majeure partie des opérations de laiterie, doit avoir une température moyenne de 15°.

Les fromages, dont je vais m'occuper maintenant ayant une grande ressemblance dans leurs points principaux, je ne reviendrai pas sur ce qui a été dit relativement au Camembert.

La mise en présure a lieu à la température de 30°. La dose employée doit être plus faible que pour le fromage précédent, le caillé demandant plus de temps à se former pour être de bonne qualité.

Lorsque le lait est bien pris, on l'enlève avec une cuillère pour le déposer sur des claies en osier ou en bois blanc, recouvertes de toiles claires; on le laisse égouter ainsi, puis il est mis dans des toiles plus solides et soumis à une pression progressive pendant douze heures. Pour obtenir cette pression, on se sert d'un levier sur lequel glisse un poids.

Les moules sont de forme cylindrique, ils ont un diamètre de cinq centimètres et demi et une hauteur de sept centimètres.

Quand le caillé est suffisamment pressé, on ouvre les linges qui le contiennent et on le renverse sur une table recouverte d'une toile bien sèche. La laitière procède ensuite au pétrissage et lorsque ce travail est terminé elle emplit les moules, en ayant soin d'exercer avec la main une forte pression, tout en laissant sortir le trop plein, puis, avec un couteau en bois, elle ébarbe de manière à avoir des fromages parfaitement réguliers.

Lorsque la mise au moule est terminée, on enlève les fromages de leur enveloppe en les poussant avec le pouce et en frappant légèrement sur les côtés. La salaison a lieu pour chaque fromage à raison de cinq grammes de sel que l'on répartit uniformément sur toutes les faces.

Les fromages bien égouttés sont transportés au séchoir et rangés sur des claies recouvertes de paille sèche, où ils sont espacés pour ne pouvoir se toucher; chaque jour on les tourne, ou mieux on les change un peu de côté. Ils restent ainsi jusqu'au moment où les champignons, le velouté, viennent à se former, c'est-à-dire environ quinze à dix-huit jours, puis on les porte à la cave où on les range debout ; ils sont retournés plusieurs fois pendant leur séjour.

Le fromage maigre de Neufchâtel se fabrique avec du lait écrémé traité comme le précédent, mais l'affinage est long et difficile et la vente peu productive.

Fromage à la crème. — La préparation du fromage à la crème a lieu de la manière suivante :

On divise le caillé en le faisant passer à l'aide d'un pilon, à travers un tamis en même temps qu'on le délaye avec de la crème fraîche. On prend ensuite la pâte ainsi préparée pour la mettre dans les moules. Généralement ce sont de petits paniers en osier affectant la forme d'un cœur et garnis intérieurement d'une toile légère. Après deux heures d'égouttage, les fromages sont assez fermes pour être démoulés et servis avec de la crème.

Fromages double crème dits suisses. — Dans un vase en grès ou en métal, on met une quantité de crème fraîche représentant environ le sixième de la quantité de lait que l'on veut traiter. Sur cette crème on verse le lait frais et on fait cailler. On emploie à cet effet une quantité très minime de présure fortement concentrée. L'opération dure quelquefois vingt-quatre heures, mais aussi on est toujours obligé de travailler à la température de l'air ambiant et si on voulait terminer trop vite, on aurait une pâte de qualité inférieure.

On renferme le caillé dans des toiles pour le soumettre à une légère pression, d'abord pour faire écouler le petit lait, puis on augmente progressivement. Lorsque tout le sérum est enlevé, on ouvre les toiles pour en renverser le contenu sur la table. On soumet la pâte à une sorte de malaxage obtenu en la pétrissant avec les mains; puis on procède au moulage.

A cet effet, l'ouvrier prend une quantité suffisante de pâte pour faire un fromage, la roule de la main droite dans une bande de papier non collé et avec la main gauche, dépose debout sur la table le fromage ainsi enveloppé. L'expédition se fait par boîtes d'une douzaine divisées en compartiments de trois fromages pour les empêcher de se déformer.

Bondons. — Malakofs. — D'autres produits du même genre sont connues sous le nom de bondons, malakofs, etc.

Pour procéder à leur fabrication, on soumet le caillé à une pression très énergique; on fait ensuite passer la pâte dans une sorte de laminoir avant de la mettre dans les moules, et on sale légèrement avant l'expédition. Quelquefois, on fait subir à ces fromages un léger affinage, en les laissant pendant quelques temps à la cave, vingt jours environ.

Fromage de Port du Salut. — Ces fromages livrés pour la première fois au commerce il y a environ quinze ans, sont fabriqués à l'abbaye de la Trappe de Port du Salut près Laval (Mayenne) et à l'abbaye de la Trappe de Bricquebec (Manche).

Pour obtenir cette variété de fromages gras les précautions à prendre, pendant le traitement du lait, sont très nombreuses ; les phases de l'opération sont multiples et demandent plus de manipulations que pour les espèces similaires non cuites. Les fromages de Port du Salut sont en effet légèrement cuits et pressés. La température moyenne des locaux est, comme pour les autres fabrications, d'environ 16° alors que la cave ne doit pas dépasser 12°.

Le caillage du lait se fait à une températurs de 28° à 30° avec une dose de présure forte d'environ 16 grammes pour 100 litres. Afin d'obtenir un mélange plus homogène de la présure avec le lait, on ajoute, comme pour la fabrication du Camembert, une certaine quantité d'eau. En hiver, il est nécessaire d'augmenter le degré de chaleur où travaille le lait.

Pour procéder au rompage du caillé et au brassage, on se sert d'un couteau en bois, dont les dimensions varient avec la quantité que l'on a à travailler, et un moussoir. Cet instrument est formé d'un long bâton sur lequel sont placés, à angle droit, deux séries de cercles, ou mieux des arêtes de dix centimères de long.

Pour procéder à cette opération qui doit durer vingt minutes au plus, on porte à 38° la température du caillé et lorsque le fromage est réduit en grumeaux atteignant la grosseur d'un grain de blé, on laisse la masse au repos complet. Le sérum se sépare ainsi du caillé et au moyen d'un soutirage on le retire de la chaudière.

Les moules, en fer, sont ronds, d'un diamètre de vingt-sept centimètres et hauts de huit. Ils sont placés sur des plateaux en bois et garnis de toile. Pour les remplir, on se sert de larges cuillères et on presse légèrement le caillé avec le revers de la main. Lorsque les moules sont remplis, on relève au-dessus les coins de la toile et on soumet le tout à une pression d'abord faible puis plus énergique jusqu'au moment où elle atteint environ quinze kilog. par fromage.

Pendant la pression, qui dure environ six heures, on change plusieurs fois la toile qui enveloppe le fromage, en retournant ce dernier et en ayant soin de le replacer toujours sur un nouveau plateau bien sec.

Après les avoir retirés de la presse, on porte les fromages au séchoir : lorsqu'ils sont suffisamment ressuyés, on commence la salaison en employant de l'eau salée, à raison de cinquante grammes par fromage de deux kilog. et demi. Cette opération dure quinze jours. Chaque fromage devant absorber seulement cinquante grammes de sel, on calcule la quantité nécessaire pour chaque jour de manière à pouvoir traiter tous les produits de la même façon.

La cave, généralement placée sous terre, doit cependant être énergiquement ventillée et maintenue à une température maximum de 12°. Pendant leur séjour, six semaines environ, les fromages sont souvent retournés et imbibés avec de l'eau tiède légèrement salée. Ils peuvent être livrés à la consommation après deux mois de fabrication.

Fromages de Pont-l'Evêque. — Le fromage de Pont-l'Evêque présente une certaine analogie avec celui de la trappe de Port du Salut. Aussi n'est-il pas nécessaire de reprendre la fabrication dans tous ses détails.

La mise en présure a lieu à la température de 40°, avec une quantité suffisante pour obtenir la coagulation complète en 20 minutes.

Le fromage de Pont-l'Evêque peut être divisé en trois catégories ou qualités correspondantes aux points suivants :

1° Lait non écrémé, auquel on ajoute même quelquefois de la crème pour obtenir les fromages dits de commande.

2° Lait du matin mélangé aux traites de la veille, midi et soir, préalablement écrémées.

3° Lait écrémé.

Lorsque le caillé est bien pris, on le coupe avec un couteau en bois puis on pose au-dessus un récipient large et peu profond, que l'on charge d'un poids ; une partie du petit lait se trouve ainsi enlevée. Lorsque par ce moyen il devient impossible de rien retirer des vases, on dépose le caillé sur des nattes en jonc où il finit de s'égoutter ; puis il est mis dans des moules carrés en bois de frêne ou de hêtre. Pendant les vingt-cinq premières minutes qui suivent, on les retourne une dizaine de fois, puis transportés sur une nouvelle natte bien sèche où on recommence les mêmes opérations.

Deux jours après, les fromages sont suffisamment fermes et secs pour pouvoir être démoulés et salés, un côté le matin, l'autre le soir. Ils sont ensuite mis au séchoir où ils sont rangés sur des claies recouvertes de paille et où ils restent jusqu'à ce qu'ils soient suffisamment ressuyés, soit environ quatre ou cinq jours ; il faut avoir soin de les retourner fréquemment.

Les fromages sont ensuite portés à la cave, mis en contact les uns avec les autres pour les faire avancer. Tous les deux jours on les change de position, soit pour les mettre à plat ou sur le côté en ayant soin de toujours les maintenir réunis.

Les petits fromages demandent de vingt à vingt-cinq jours de cave, alors que les fromages dits de commande, plus gros et renfermant une quantité plus grande de crème ont besoin de trois mois d'affinage avant d'être livrés à la consommation.

Fromage de Livarot. — Le fromage de Livarot se fait avec du lait mis à crémer pendant vingt-quatre heures, et dont on porte la température à 40°. La quantité de présure employée doit être suffisante pour obtenir le caillage en une heure et demie environ.

Le rompage a lieu, d'abord, dans les vases tronconiques qui ont servi à la mise en présure, au moyen d'un couteau en bois. Puis on met le caillé à égoutter sur des nattes en jonc, quelquefois sur un linge un peu gras où il reste un quart d'heure. Pendant ce temps on achève le rompage qui dure jusqu'à ce que les grumeaux atteignent la grosseur de grains de blé et on procède à la mise en moule.

Ces derniers sont de formes cylindrique, d'un diamètre de quinze centimètres et d'une hauteur égale. On les retourne plusieurs fois jusqu'à ce que les fromages soient bien fermes.

Le salage se fait à la main comme pour les autres fromages, puis le caillé ainsi séché et préparé reste pendant cinq jours sur les égouttoirs avant d'être porté au haloir.

Après la mise en cave ils sont retournés deux ou trois fois par semaine; lorsqu'ils paraissent ne pas s'affiner dans de bonnes conditions on les mouille avec de l'eau légèrement salée, puis on les réunit par *paillots*. Ils restent ainsi jusqu'au moment où l'affinage est complet soit trois mois environ pour les petits et six mois quelquefois pour les gros.

FIN

TABLE DES MATIÈRES

ÉTUDE PRATIQUE SUR LA LAITERIE EN FRANCE

La Laiterie en Normandie

PRODUCTION DU LAIT

CHAPITRE I

Choix d'une Race Laitière

FABRICATION DU BEURRE

CHAPITRE I

Construction d'une Laiterie

CHAPITRE II

Appareils de Laiterie

CHAPITRE III

Fabrication du Beurre en Normandie

TRANSFORMATION DU MATÉRIEL

CHAPITRE I

Origine du Beurre

CHAPITRE II

Appareils pouvant indistinctement retirer le Beurre de la Crème ou du Lait.

CHAPITRE III

Moyens de transport du Lait. — Système Swartz. — Crémeuse Cooley.

CHAPITRE IV

Appareils centrifuges Lefeld, — Laval, — Nielsen et Petersen

CHAPITRE V

Réfrigérants, — Malaxeurs — Délaiteuse centrifuge de Pilter. — Analyseur centrifuge Fordj.

CHAPITRE VI

FROMAGES

Fabrication du Camembert

Carentan. — Imp. Nouvelle. — A. Colleville

...(A.) Il vino da pasto e da taglio. Manuale teoric...
...tico ad uso dei proprietari e agricoltori. Napoli 1881, 1 v. in-12 »
Cantoni (G.) Il vino, conferenze. Milano 1882, 1 vol. in-12 »
Comboni (E.) Trattato di enochimica ad uso delle scuole
di viticoltura ed enologia, degli enotecnici e delle stazioni
enologiche. Milano 1882, due volumi in-8 con 34 tavole » 12 —
Frojo (G.) Lezioni popolari sul modo di fare e conservare
i vini. Seconda edizione; Napoli 1882, un volume in-12 » 2 —
Liquorista (Il perfetto) e confetturiere per tutti i gusti
ove insegna facilmente a fabbricare con più di 200 ricette
ogni qualità di rosoli e vini di lusso d'ogni sorta col me-
todo per fare sorbetti d'ogni genere. Milano, 1 vol. in-16 » — 75
Lissone (S.) Il vino e i suoi costituenti. Guida popolare
per l'analisi del vino, per fabbricare i secondi vini ed i vini
artificiali e per svelarne le adulterazioni più comuni e pe-
ricolose. Terza edizione riveduta dall'autore con figure intercalate nel testo. Torino 1882, un volume in-12 . . . » 1 —
Manualetto per la coltura della vite e del vino compilato
da un vecchio Enologo. Milano 1882, un volume in-16 . » — 60
...ona (A.) Le alterazioni dei vini e mezzi per prevenirle e
combatterle. Gorizia 1875, un volume in-8 . . . . » 2 50
Ottavi (E.) I sostegni per le viti. Monografia della canna
comune con 20 fig. apposit. incise. Casale 1883, 1 vol. in-8 » 2 20
Ottavi (O.) Enologia teorico-pratica. Monografia sui vini da
pasto e da commercio rossi e bianchi, comuni e scelti e
sui vini di lusso asciutti, liquorosi e spumanti. Nuova edizione interamente rifusa con 170 inc. Casale 1882, in-8 gr. » 9 —
Pollacci (E.) La teoria e la pratica della viticoltura e della
vinificazione popolarmente esposte. IV.ª ediz. completamente
rifusa ed accresciuta con molte incisioni. Mil. 1883, 1 vol. in-8 » 10 —
— Alterazioni e falsificazioni dei vini. Milano 1883, 1 vol. in-8 » 1 —
Sini (V.) Brevi norme per la scelta delle viti americane.
Casale 1882, un volume in-16 . . . . » — 60
Sormanni (G.) Catalogo ragionato delle opere di viticoltura
ed enologia pubblicate in Italia o in italiano dal principio
della stampa a tutto l'anno 1881. Milano 1883, 1 vol. in-8 » 12 —
— L'arte di fare il vino insegnata ai campagnuoli. Milano 1882, un volume in-12 . . . . » 1 —
Strucchi (A.) Manuale di vinificazione per uso dei canti-
nieri con alcuni cenni sulla viticoltura e sulle malattie della
vite. Milano 1882, un volume in-12 con molte incisioni nel
testo ed una tavola litografica . . . . » 3 —
Tubi (G.) Manualetto di vinificazione ad uso dei fattori di
campagna. Milano 1882, un volume in-16 . . . . . . » 1 —
...Guri (P.) L'amante dei fiori, loro storia, coltivazione e lin-
guaggio, con poesie di vari illustri Autori. Livorno, un
grosso volume in-12 . . . . » 2 50
...Nenci (T.) Intorno ai bachi da seta, specialmente avuto ri-
guardo alle malattie dominanti, Pebrina e Flaccidezza. Fi-
renze 1874, un volume in-12, seconda edizione . . . . » 1 50
...iola (A.) La semente poligialla ossia la rigenerazione ed il
miglioramento delle razze gialle nei bachi da seta, espe-
rienze ed osservazioni. Milano 1882, in-12 . . . . . . »

MANUALE DEL CONT[illegible]

UNICA TRADUZIONE DALL'INGLESE [illegible]

[illegible] 360 pagine [illegible]

[illegible] intercalate [illegible] illustrazione [illegible]

www.ingramcontent.com/pod-product-compliance
Ingram Content Group UK Ltd.
Pitfield, Milton Keynes, MK11 3LW, UK
UKHW022109190726
13855UKWH00002B/740